每天一堂心理减压课

康佳 编著

国家一级出版社 中国纺织出版社 全国百佳图书出版单位

内 容 提 要

现代社会，压力越来越大，人们普遍感觉到不快乐、烦躁和痛苦，不堪背负的压力之重常常使我们喘不过气来。此时，我们迫切需要找到一种卸下压力的方法，进而调整好心态。

本书就是从心理学的角度出发，针对现代社会中忙得晕头转向的人们，帮助人们挖掘出压力的根源，进而找到最佳的解压方法，以调整好心态，轻松面对未知的每一天。

图书在版编目（CIP）数据

每天一堂心理减压课 / 康佳编著.—北京：中国纺织出版社，2019.5

ISBN 978-7-5180-6070-2

Ⅰ.①每… Ⅱ.①康… Ⅲ.①心理压力—调节（心理学）—通俗读物 Ⅳ.①B842.6-49

中国版本图书馆CIP数据核字（2019）第057309号

责任编辑：闫　星　　特约编辑：李　杨
责任校对：寇晨晨　　责任印制：储志伟

中国纺织出版社出版发行
地址：北京市朝阳区百子湾东里A407号楼　邮政编码：100124
销售电话：010—67004422　传真：010—87155801
http：//www.c-textilep.com
E-mail：faxing@c-textilep.com
中国纺织出版社天猫旗舰店
官方微博http：//weibo.com/2119887771
三河市延风印装有限公司印刷　各地新华书店经销
2019年5月第1版第1次印刷
开本：880×1230　1/32　印张：7
字数：129千字　定价：39.80元

凡购本书，如有缺页、倒页、脱页，由本社图书营销中心调换

前言

现代社会，生活节奏不断加快，竞争日趋激烈。人们穿梭于闹市之间，面临众多生活压力，产生了很大的心理压力感，甚至难以调适而产生心理问题。长期的消极应对及负性情绪会使个体出现诸如焦虑、抑郁、神经衰弱、轻度躁狂等心理疾患，不但影响自己的生活、工作，也会对家人造成不必要的伤害。

现代生活节奏越来越快，人们顾及的事情越来越多，因为生活、工作赋予他们太多的责任与义务。无论是单身或已婚，中年或老年，都在不断地作选择，各种压力交织在一起，压得人们喘不过气来。

当处于一定的压力中时，人们可以通过自我调节来排解压力。但当压力不断增大且人们不能调节时，就可能会产生心理问题，甚至是心理疾病，以致健康严重受损。通常来说，人们认为，所谓的健康就是身体健康，其实不然，身心和谐统一的健康才是真正的健康。据美国《侨报》报道，越来越多的人处于亚健康状态，这一所谓的亚健康状态也包括心理上的不健康，而究其原因就是压力过大。当压力袭来时，内心倍感失落、焦虑、沮丧、压抑，这就是健康心理趋于消极的开端。那么，如何保证身心和谐统一的健康？答案很简单：学会减压！

要有效地减压，首先要求我们正确地看待压力。其实压力并不是一个贬义词，如果我们认为压力是负面的、消极的，那么，我们只会被压力压得喘不过气来。而如果我们能积极、正面地看待压力，压力就会督促我们去解决问题，就会让我们变得更好。

身处于高度竞争的现代社会中，会面对压力是极其正常的，只要正确对待，这些压力便能转化为我们前进的动力。因此，面对这些压力，我们不必过于紧张，把握好自己的心态，正确应对，有技巧地减压，就会促使压力转化为动力。

对现代人而言，掌握减压这一必备生存技能是非常重要的。而此时，你可能需要一本手册来指引你如何减压。本书就是从心理学角度出发，通过深层次剖析心理压力的根源，介绍各种减压方法，让你有针对性地解决面临的压力问题，进而以轻松自然的心情面对新生活，收获健康与幸福。

目录

第 01 章

心灵检索：挖掘内心深处的心理压力

什么是心理压力？即我们常说的精神压力，它主要来自于生活、工作、学习中的压力事件。这些压力就好像是一个交织的密网，不断挤压周围的空气，使人们的呼吸越来越困难，心情越来越焦躁。

自我检测，看自己是否被压力困扰

随着生活节奏越来越快，来自社会各方面的压力也越来越大，由此引发的各种心理疾病也层出不穷。在最开始的时候，人们并没有意识到心理问题带来的危害性，而只重视身体上看得见的健康，忽略了心理健康问题。实际上，比起生理问题，心理疾病对身体的伤害更严重。一旦患上某种心理上的疾病，就会直接影响到人们的工作、生活和学习。所以，对每一个生活在激烈竞争环境中的人来说，学会呵护自己的心理健康，不让心理疾病侵扰自身，对于未来的事业、生活都有极大的帮助。

“老师承受的心理压力实在太大了！”这是现代老师喊出的肺腑之言。

一次考试结束后，章老师将一份全年级化学小测班级平均分的排名拿给与自己同场监考的王老师看。王老师所带班级的化学成绩一直不是很理想，这次小测，他所教班级平均分不仅又是最末，还比以前略有下降。第二场考试开始了，王老师叹着气与章老师走进考场。刚发完试卷，教室里突然传出一个男性的歌声。“谁啊？”安静的教室里顿时炸开了锅，章老师和同学们一起搜寻那个破坏考试秩序的人。然而，师生们惊奇地发现，唱歌的居然是王老师！

王老师的行为让大家觉得既奇怪又好笑，随后有同学大声叫“老师，别唱了”，章老师也把王老师拉到一边，劝他别唱了。可是，王老师似乎听不见任何人说话，依旧唱个不停。章老师急忙向校领导报告，并找来医生进行诊断。医生表示，王老师受了不良刺激，心理压力太大，以致引发失控行为。

而另一位女老师也发生了类似的状况，“我教学能力这么强，人又长得漂亮，为什么领导不重用我？”在办公室里，老师们忙着备课批改作业，女老师突然蹦出这么一句话，让同事们感到莫名其妙。有老师说，每次考试结束，校领导把全区其他学校的成绩单领回来比较的时候，那个女老师都十分紧张，然后就吃不下饭了。有时候甚至能看见她在操场上边走边自言自语。

在以前，大家都会认为教师这个职业是一个比较轻松的职业。但近年来，一些社会舆论认为，学生学不好，责任在于老师，因而老师所承受的压力非常大。而且，随着这些年进行的大规模的课改、教材更新，一些老师尤其是年纪较大的老师越来越感觉到力不从心，适应不过来，若是自身心理调适能力较弱，就会产生心理问题甚至心理疾病。

1. 心理压力对社会各阶层人士的困扰

据调查，现代人中存在心理问题和疾病的人群急剧增加，患精神疾病的人数几乎超过了心血管病患者。社会各阶层的人士都有着心理上的困扰，如果不及时调节，久而久之就会形成心理疾病。都市白领会在紧张的工作中患上心理疾病，如焦虑症、抑郁症、精神障碍等；那些遭受了情感挫折的人士，也会或多或少地产生心理疾病；贫困家庭在面对难以承受的生活和工作的双重压力时，极有可能产生心理疾病；商界精英面对事业受挫时，其心理会因失败的打击而长期处于一种失衡状态中，若不能自我调节，极有可能诱发精神障碍、抑郁症等心理疾病。事实上，一些竞争比较激烈、责任重大的行业里，也会出现一些被心理疾病困扰的人士。因此，心理问题不容小觑，心理上的健康与身体上的健康一样重要。

2. 你是否去做过心理体检

尽管心理压力大，但大多数人依然没有及时去做心理体检。由于现代人普遍工作节奏快、竞争激烈、心理压力大，抑郁、焦虑和强迫症已成为常见的心理疾病。为此，专家呼吁，应加强对自身心理健康的关注和重视力度，建议人们每年做一次“心理体检”，把心理疾病危害程度降到最低。所以，面对心理问题，要舍弃听之任之的态度，及时地疏导，进行心理上的调节，必要时可以进行心理咨询，以此保持自己心理上的健康。

减压启示

许多人都有这样的问题，心理压力很大，却又得不到释放。而且，随着社会竞争越来越激烈，这样的压力会越来越大，不少人几乎到了崩溃的边缘。近年来，因为承受不了生存的压力而选择自杀的人不在少数。因此，在现实生活中，我们不能忽视心理上的健康，只有令身心都保持健康，才能扬起生活的风帆，走向人生的成功之路。

心理压力越大，越容易被负面情绪侵袭

在日常生活中，我们常常发现这样一些容易陷入负面情绪的人：有为生计奔波的小贩，在企业工作的白领精英，高层管理者等。可能，从表面上看，他们并没有共同点，但是，如果我们仔细观察，就会发现，他们身上都有一个显著的特点：压力比较大。

一项社会调查发现，那些生活工作条件良好、受过较高程度教育的城市人，他们对生活的满意度远远不如农村人，

来自生活和工作的压力让他们的生活质量大打折扣。近些年来，城市人会频繁感觉到紧张、焦虑、容易愤怒，在悲观时甚至有想要自杀解脱压力的念头。这项调查还显示，同农村人相比，城市人工作的体力强度、时间都少于农村人，并且更注重健康的生活方式，但是，城市人的精神状况显著差于农村人。同时，在调查中，个人工作稳定、收入有保障被列为城市人平日最关心的问题，对工作的极度关注使得许多城市人明显感到工作压力影响了个人健康。另外，城市的快速发展和工作的快节奏让许多城市人觉得自己似乎有点力不从心，60%左右的城市人对自己的工作状况并不满意，而且，来自家庭以及婚姻的压力往往搞得他们焦头烂额。

最近，小月代表公司接待了一个大客户，第一次见面会谈，小月就感觉到这个客户太挑剔，不仅要求策划案完全按照他们的思路进行，而且严格要求了每一个细节。回到公司，小月忍不住向老板抱怨："这个客户太挑剔了，一个企划案竟有那么多的要求。"老板收起了满面笑容，板着脸说："小月，你总是嫌这个客户不行、那个客户不行，这怎么能谈成业务？这一次，你务必要拿下这个大客户，否则，你就直接到销售部报道吧！"说完，老板就头也不回地走了，剩下满脸苦恼的小月。

按照客户的要求，小月拟写了企划案，而且亲自检查了三遍，然后才交给客户。谁料，在会谈中，客户表示："这里还有几个小问题，你需要改改，为了美观，你最好重新写一份。”小月呆住了，之前自己可是花了一个星期才写完这份企划案的。客户似乎看出了小月的心思：“不好意思，不过，我们可以宽限时间，再等你一个星期。”告别了客户，小月再也压抑不住自己的愤怒。在回公司的路上，因为出租车司机没有听清楚小月报的地址，小月十分生气：“你的耳朵干什么用的？老娘今天真是倒霉，遇到你这样一个傻傻的司机。”司机没有吱声，似乎对这样的乘客已经习惯了。就连进入公司大楼前那个保安多看了小月一眼，小月也毫不客气地说：“看什么看，不认识啊！”小月感到心中有个东西在不断膨胀，眼看就快要爆炸了。

每天，我们都面临着诸多压力，有可能是事业不顺而造成的工作压力，有可能是感情不顺而造成的情感压力，还有可能是因家庭不和谐而造成的家庭压力，对此，心理学家把这些压力都统称为“社会压力”。社会压力对于一个人来说，将直接转换成心理压力、思想负担，久而久之，就会成为心结。如果这种压力长久得不到有效释放，就会越积越多，并产生巨大的能量，最终，它会像火山一样爆发出来，导致的结果是，人们的情绪大变，总感觉自己活得太累，每天都不开心，脾气越来越坏，严重者精神崩溃，甚至轻生。面对巨大的社会压力和心理压力，最重要的是自我调节、自我释放；当然，有合理而适度的压力，非但不是一件坏事，反而是一件好事。

对于我们来说，应该像高压锅一样，当压力不够时就聚集压力，让压力变成“煮饭”的动力；当压力过高时，就自动释放压力，这样压力就不会对我们造成伤害。那么，如何来缓解社会压力和心理压力呢？

1. 养成良好的作息习惯，营造良好的睡眠环境

在平日生活中，我们需要养成早睡早起的良好习惯，相对稳定的睡眠，能让我们的大脑皮层细胞得以休息。同时，要注意卧室的温度，过冷或过热都会导致人们睡眠质量差；也可以让卧室采用温和的色彩，这样人们便能在一个相对自然的环境里放松自己，很快进入睡眠状态。

2. 放松精神，舒缓压力

我们需要缓解自身的压力，如在睡前可以进行适量的运动，听听音乐，或者是按摩头部，以缓解压力；也可以进行饭后散步。可以在睡觉前播放一些轻柔的乐曲，在入睡前按摩耳后、脖子等部位，这样可以使身心都放松下来，舒缓白天生活及工作的各种压力。

3. 给自己的压力要适当

心理学家建议：适当的压力有助于我们激发更强的斗志，但是，正如任何事情都要有一定的度，压力过大就会影响到正常的情绪。因此，在日常生活中，我们要给自己适当的压力，只要不是太糟糕的事情，我们就应该学会释怀，这

样一来，那些琐碎的小事就影响不到我们了。

减压启示

无论是生活压力，还是工作压力，对一个人的情绪都是有着重要影响的，一旦压力来袭，人们就会变得容易生气、烦躁，似乎看什么事情都不顺眼，若内心的情绪积压过久，便想痛快地发泄一番。因此，那些给自己压力过多的人，他们的负面情绪往往也更多。

心理压力过大，会影响人的身体健康

卡耐基曾说："一个损失了健康的人，就算他赢得全世界，也不能算作真正的成功人士。即使他拥有全世界，每晚也只能占据一张床，一日也只能享用三餐。哪怕一个挖水沟的人，也能做到这一点，甚至可以睡得更安稳、吃得更香。我宁愿做一个普通的农夫，闲来能够悠然弹奏五弦琴，也不愿意作为企业家，45岁不到就因为忙于管理而自毁健康。"现代人越来越焦虑，内心里隐藏着一种恐惧，既担心自己的生存状况，又惧怕生老病死，其实，这就是典型的心理压力。长久以往，原本健康的身体被心理压力折磨得奄奄一息。心理不健康是导致身体不健康的主要因素，比如，有的人一感到身体不舒服，就老是怀疑自己生了病，整天陷入恐慌之中。其实，在很多时候，这些人只是得了小病或者根本就没有疾病，其不适感是源于内心压力，如焦虑和恐惧。当然，心病还得心药医，不要猜疑自己的健康，让那些在阴暗处滋长的压力在阳光下消失，保持健康的心理，心病自然就会消除了。

一名美国棒球队经理也曾饱受压力的困扰，甚至因此患上了焦虑症。

他这样回忆道："刚开始打棒球的时候，根本没有钱可挣，而且，常常被空罐子或马具绊倒。等到球赛结束了，我们就用空帽子向观众收点小费，以供奉母亲、养育幼小的弟弟妹妹，但那点钱是绝对不够的，有时球队就只能靠草莓充饥。各种压力令我感到焦虑，我是唯一连续7年陪末座的棒球队经理，也是8年里唯一输过800场的棒球队的经理。以前一连串的挫败令我焦虑到不吃不喝，但是，后来，我决定不再焦虑了，如果不是当时就停止忧虑，我早就躺在棺材里了。"

在被压力困扰的日子里，他发现压力对自己毫无益处，只会危害自己的事业及健康。后来，他逐渐发现了克服焦虑和恐惧的方法：只要专注于为未来赢球作策划，就没有时间去为已经输了的球局焦虑和恐惧；绝不在球赛结束后24小时内批评球员的错误。

原来，他以前总是叫球员来训话，后来，他逐渐发现，如果已经输了球，那么，责备和争论都没有意义了，只会增加自己的焦虑和恐惧。于是，他决定，输球之后，绝不马上去看球员，要到第二天才跟大家讨论失败的原因。这样，到了第二天，他已经很平静了，那些失误看起来好像没有那么严重，他可以冷静地讨论。这样过了一段时间后，他发现内心的焦虑和恐惧已经慢慢消减了。甚至，他认为，自己长寿的秘诀就是“停止焦虑和恐惧”。

焦虑和恐惧这样的压力给我们生活所造成的影响是不容忽视的，过度的焦虑对我们毫无益处，只会危害我们的生活和事业，更会危害我们的健康。与其花费大量的精力和心思去焦虑和恐惧，不如好好经营自己的生活，把精力和心思转移到生活上来，这样，自然就能摆脱焦虑和恐惧的困扰，从而获得一种轻松而美好的生活。在日常生活中，我们要注意以下两点：

1. 小心生闷气

何谓闷气？它是由于心中郁闷而憋在心里的气，是一种压力无法消除而无奈、没办法的表现。古人曰：“百病之生于气也。”常言道“怒伤肝，忧伤肺”，那些郁积在心中的不愉快情绪使人内脏活动紊乱、内分泌系统失常、胃口不佳、消化不良，而且，长时间的烦闷会导致血压升高，甚至导致冠心病。另外，从心理学上说，生闷气是一种不愉快的情感体验，它是一种消极的甚至会破坏正常思维的情绪反应。一个人若是情绪恶劣，其记忆力将会减退，思维能力也大受影响，同时，喜欢生闷气还会影响到一个人的正常人际交往。

2. 小心压力危害身体健康

有时候，我们根本没有想过身体的疾病会跟压力有关，事实上，郁积在心中的压力常常会成为我们身体疾病的根源。一位经常被压力所困扰的人说："我感觉很孤单、很堕落，心中像压了一大块沉重的石头，压得我快喘不过气来。我不知道什么时候才能将这块石头融化，它憋在我心里，憋得我快要疯了。"现代社会竞争激烈，工作和生活压力都非常大，这不仅影响家庭关系、同事关系、朋友关系，如果自己不能妥善处理这样一些矛盾，那些不断膨胀的压力还会危及我们的身体健康。

减压启示

心理压力，诸如焦虑和恐惧是现代社会普遍存在的心理疾病，它源于工作压力、人际关系、经济问题、孤独以及交通阻塞等。每天，我们都饱受着生活压力的困扰，可能或多或少都有焦虑恐惧的经历。然而，可能许多人都没有意识到，长期的焦虑会引起抑郁症。这是一种病态的心理，不但会给我们的健康带来损害，还会感染到身边的人。

情绪压力来袭，如何巧妙疏导

每天，我们都可能面临着生活给自己带来的愉快、悲伤、愤怒和恐惧。但是，这样形成的情绪和情感往往是短暂的，哪怕是负面的情绪，痛苦之后，强烈的体验也会随着刺激的消失而消失。可是，如果那些焦虑和忧愁长期存在，就会使人惶惶而不可终日，由不良情绪引起的生理变化也久久不能恢复。其实，长期压抑的情绪对人的身体健康是有着很大影响的，紧张忧虑的情绪不仅会影响生活的质量，还会给身体带来更大的伤害。

小曼最近心情抑郁，因为她发现以前老把“爱”挂在嘴边的老公有了外遇。刚开始知道这个消息的时候，她就觉得心中的那个世界已经坍塌了，甚至觉得天也塌下来了。自从结婚之后，小曼就辞去了工作，在家里相夫教子，把重心放到了孩子身上，忽视了打扮学习，也忽略了老公的感情，自己成了黄脸婆，而老公就这样出轨了。

之后，她的心情就一直很压抑很低落，对未来生活没有希望和期盼，很迷茫，每天都守着房子过着。她觉得完全失去了生活的勇气，天天跟自己在一起的老公都可以背叛自己，那还有什么值得依靠的？前些日子，她突然觉得烦躁不安，手心出汗，浑身不自在，什么也听不进去看不进去，有点崩溃的状态。好朋友来看她，小曼也不好意思把真相告诉朋友，觉得这是家丑。她也试着跟老公谈了一次话，老公满脸愧疚地说没有打算跟她离婚，可是他又牵挂着其他的女人。小曼觉得自己实际上是守着一个空壳过日子，她不想去过问他的行踪，可想着老公和其他的女人在一起，她也觉得浑身不自在。

前两天去医院例行检查，医生诊断她患上了慢性浅表性胃炎。难道这就是守住婚姻的代价吗？小曼心情糟透了，本就精神严重透支，现在体力也完了，她也不知道自己该怎么办。

小曼一直压抑自己的情绪，那些恶劣的情绪不仅影响到了自己的身体，也降低了生活的质量。其实，她大可跟老公吵一架，然后干脆地离婚，但她并没有做出实质性的动作，只想守着自己的婚姻。最终，她因为不良情绪压抑得太久患上了疾病，给自己身体带来了严重的伤害。

同小慢一样，也有不少人都觉得自己与家人的相处比较压抑，即便是对对方有什么不满，也总是强忍着，告诉自己不要跟他计较，尽量不生气，但是，这样的情绪压抑久了，难保自己不会做出一些冲动的行为出来。所以，对于那些不良的情绪，要舍弃压抑的方式，选择通过正确的渠道来释放，这样才有益于身心健康。

1. 长期的情绪压抑会导致心理疾病

那些压抑的情绪在身体里撞来撞去，让人很难受，还有一种说不出来的悲哀，严重者还会就此患上抑郁症。也许，有时候，你会因为身边的种种因素而压抑心中不良的情绪，还安慰自己说“忍忍就过去了”；但是，总是压抑自己的情绪，会逐渐影响到你的身体，因为那些长期压抑的情绪比生气更容易伤害自己的身体。

2. 选择正确渠道释放情绪压力

可能有人觉得，既然不能压抑自己的情绪，那就随处释放，不管是同事还是朋友，只须一股脑儿向对方发火。压抑的情绪是需要释放，但前提是通过正确的渠道，而不是无所顾忌地随处释放出来。对此，不同的人会选择不同的释放渠道。有的人喜欢运动，有的人喜欢通过参加休闲活动来放松心情，有的人喜欢听歌看小说，有的人选择睡个好觉。其实，无论是哪种途径，只要能顺利地释放不良情绪，都是值得采纳的。因此，面对不良情绪，要舍弃压抑的方式，选择正确的释放渠道，保持自己身心健康的状态。

3. 女性可以通过大哭来释放，男性可以通过适当地玩游戏释放情绪

众所周知，女性普遍比男性的寿命更长，除了职业、生理、激素、心理等各方面的优势条件之外，女性喜欢哭泣也是一个重要的因素。因为哭泣对于女性来说是一个释放不良情绪的渠道。哭泣之后，情绪强度会减低40%，如果不能利用眼泪把情绪压力释放了，就会影响到身体的健康。所以，适当的哭泣有利于身心健康。可是，哭泣的时间不宜超过15

分钟，否则也会对身体有伤害。

当然，眼泪并不是唯一释放情绪的途径，尤其是对于许多男性来说。这不得不让人想起男性之间的流行语，“你今天玩游戏了吗”，如果见面不说，就好像自己不前卫不时髦跟不上时代步伐一样。其实，除去本身所具备的娱乐性质之外，游戏之所以能风靡于网络，还源于它对压抑情绪的释放。许多上班族忙碌了一天后，总希望能通过一件愉快的事情来释放自己压抑的情绪，而“玩游戏”就成了一个巧妙的出口。当然，玩游戏并不是全民释放情绪的方式，不同的人会选择不同的途径去释放自己的不良情绪。

减压启示

抑郁一段时期之后，你会发现身体出现了诸多不适，不仅给自己带来了心理上的疾病，还引起了身体上的疾病，这根本就是得不偿失。所以，当自己产生了一些不良情绪时，一定要通过正确的渠道释放出去，舍弃压抑自己的方式，获得心理生理上的双重健康。

压力也是动力，适当的压力有推动作用

曾在一本书上看到这样一段话：“人一生中都会面临两种选择，一是改变环境去适应自己，二是改变自己去适应环境。既然压力是已经存在的、根本无法彻底消除的，那我们何不积极地改变自己，正确引导各种压力成为自己前进的动力呢？”在现代社会，几乎每一个人都有压力，其实，适当的压力对我们自身是十分有用的。一个人的潜力究竟有多大，我想大多数人都不清楚，对此，科学家指出：人的能力有90%以上处于休眠状态，没有开发出来。是的，如果一个人没有动力、没有经历磨炼、没有正确的选择，那么，积聚在他身上的潜能就不能被激发出来，而压力会给他这样的动力。所以，适当的压力不仅能激发出一个人无限的潜能，还能够带给他许多快乐。

在日常生活中，来自各方面的压力使我们感到很累，生活好像被一个巨大、无形的网笼罩着，这令我们做任何一件事情都感到力不从心。于是，在强大的心理压力下，我们常常会幻想享受那种无忧无虑的生活。事实上，没有压力的生活是不可能快乐的，只会令人感到烦闷、无聊，这样的生活状态久了，人会感觉自己在堕落，乃至丧失对生命的追求。

她是一位典型的家庭主妇，老公做汽车运输生意，生意十分红火，她的事业就是“相夫教子”。每天，她除了煮饭

就是洗衣服，除了逛街就是打扫卫生，甚至连两个孩子的学习都不用操心，因为请了家庭教师。她生活得如此惬意，常常受到许多人的羡慕："你真有福气啊！老公有本事，孩子聪明伶俐，你年纪轻轻就过上了富太太的生活。哎，真羡慕你，哪像我，还要焦虑这样、担心那样，像你这样没有压力真好。"刚开始，她通常会推辞几句："哪里，哪里。"时间长了，她也会疑惑：难道自己真的如他们想象般快乐吗？以前孩子还小的时候，还可以陪在她身边，现在老公长时间在外面谈生意，孩子也上学了，家里就剩下自己一个人，尽管没有金钱的压力、没有生存的压力，但是，总是感觉到自己很无聊，心里烦闷，几乎已经远离了久违的快乐，这是为什么呢？

在现代社会，大多数人都会羡慕没有经济压力的家庭主妇、坐在办公室看报纸的公务员，总觉得他们的生活是那么悠闲、自在，远离了压力的困扰。事实上，他们的生活真有那么快乐吗？对此，心理学家对那些整日闲在家里的太太有一个建议：尽可能找一份自己喜欢的工作，不管收入多少，至少能够体现自己的价值，给生活带来适当的压力。

一位留学英国的朋友回国，向同学们讲述了自己在国外的生活："刚开始，我在国外的时候，由于自己英文很烂，害怕出糗，就整天把自己关在屋里，看书、上网、看电影，这样的生活状态整整持续了一个月，我几乎要崩溃了，我开始想：自己是否应该干点什么？"后来，她去了国家应用科学院求学。刚开始的时候，老师讲课她一半都听不懂，而且，老师讲课没有教材，只能靠自己做笔记，压力非常大。当时，她想，自己只要及格就行了，没有必要追求名列前茅。于是，每天，她都会借同学的笔记来抄，然后，就跟自己的男朋友一起出去约会。临近考试的时候，她才开始“抱佛脚”，背诵笔记，每天只睡三个小时。第一次考试，她及格了。虽然自己的分数并不是很高，但令她高兴的是，老师给全班同学发了一封邮件，在信里，老师这样说：“这次考试，我认为出的题目比较难，但是，令我没有想到的是，班里的三个留学生考得还不错，希望你们继续努力。”老师的鼓励令她受到了鼓舞，她开始认真听课，成绩也越来越靠前了。到了第二年，她的成绩排在了全班第一，这样的成绩不仅令同学感到惊叹，连她自己都觉得不可思议。最后，她这样说道：“在国外求学的经历堪称跌宕起伏，但是，我并不觉得有什么不好，这些所谓的挫折与困难，让我学会了承受，让我赢得了最后的胜利。我们的生活需要适当的压力，压力教会了我什么是坚持，最重要的是，让我远离了那种无聊、烦闷的生活，而重新拾起了久违的快乐。”

有时候，适当的压力并不算什么，当你坚持下去，你就会发现已经没有多少压力了，所有的压力都会在行动中找到发泄的途径。只要我们能够坚定地走下去，全力以赴，我们将赢得自信。当我们知道自己能够做得更好时，便能将压力化为动力，从而走上成功的途径。

1. 什么是适当的压力

也许，有人会问，什么是适当的压力？适当的压力，就是指时间不长、刺激不大、能让人最终有成就感的压力。所以，要随时让自己拥有适当的压力，舒缓过大的压力，从而远离无聊、烦躁的心境，重新追逐生活的快乐。

2. 有时候无聊比压力更令人苦恼

一位公务员的朋友这样说："每天九点我才去上班，十点左右就可以离开了，下午有时候根本不上班，可是，一天剩下了这么多时间，我也不知道怎么打发，心绪变得混乱不堪，时常感到无聊、烦躁，有时候，我甚至感觉到自己在浪费生命。"其实，烦闷的根源来源于"无所事事"，这与大多数家庭主妇的生活差不多，虽然远离了社会的压力，但是，无聊似乎比压力更令人苦恼。

减压启示

生活在现代化的社会，我们无论如何都避不开压力：学生时代，我们所承受的是各种考试的压力；工作时期，有着上司的要求、家人的期许、自己内心的苛求等，这些压力都是无法避免的。既然无法避免那些潜在的压力，何不把压力当作生活的调剂品呢？

第 02 章

寻根究源：你的压力到底从哪里来的

生活中，工作、家庭带给人们的压力无疑是最重的，人们不仅要生存，更要做好事业，所以考虑的事情往往很多。当神经变得紧绷，内心充满焦虑，人们常常感到无所适从，事情也无法做好，然后这样的焦虑又会转变成压力。那么，你的压力是谁造成的呢？

不良的生活习惯会造成精神紧张和压力

你是否感到压力重重？你是否有这样一些习惯呢：早上若是感觉不怎么饿，就干脆不吃早餐，也省去了麻烦，即便吃早餐，也是去小摊买点油炸食品；中午休息时间太短了，直接到快餐店来份午餐，匆匆解决掉；晚上几个哥们儿、姐们儿一起海吹喝酒聊天吃火锅，玩得不亦乐乎；直到深夜了，还会在街上吃点夜宵再回家……

现代社会，不管是工作、生活，都给人们带来无形的压力，使人们总感觉疲惫不堪、烦躁不安，或是焦虑，这对身体健康十分不好。或许你会问，到底是什么让自己的压力怎么也减少不了呢？实际上，有些压力来自于你自己的一些生活习惯，即如以上这样的生活习惯。

强大的压力还会导致人们的身体进入亚健康状态。可能有人还在疑惑，亚健康到底是什么？用比较通俗一点的话说，就是你已经接近生病了，虽然从表面上还看不出什么具体的症状，自己也没有明确地感觉到身体上有不舒适的状态，但是，也许就在你转头的那一刹那，疾病就出现了。当真正的疾病来临时，你可能还在迷惑之中：身体不是好好的吗，怎么说病就病了呢？其实，这是因为你没有及时地认识到自己的身体已经处在了亚健康的边缘。

梦洁刚刚大学毕业，在家人朋友的帮助下找了一份不错的工作，每个月薪水不少，唯一不足的就是太忙了，忙得都没有睡觉的时间。所以，早上为了能赖那么十几分钟的床，她索性省去了早餐。有时候，闻着隔壁小吃店的美味，她也会忍不住买点东西吃。但是，她从来不喝牛奶吃面包之类的，她觉得那样的饮食搭配显得寡然无味，还不如吃点油炸食品。

中午的时候，当别的同事都出去吃饭了，梦洁还在公司忙碌着，经常都是喊外卖，吃着快餐店的饭菜，她都分辨不出是什么味道，只要能吃饱就好了，这样下午才有力气工作。在她看来，中午这顿不用花多少心思，因为白天大家都忙，还不如留着肚子晚上吃个痛快。傍晚，梦洁结束了一天的工作，便约上几个好朋友去酒吧玩，喝酒唱歌跳舞，借此把白天工作所带来的那种负荷摆脱得一干二净。大家通常都会玩到很晚才散伙，因为在酒吧只顾着喝酒，这时候她才发觉饿了，于是又去吃路边的烧烤，或者回家煮包泡面。

她从来没有觉得自己的饮食有什么问题，直到最近觉得身体不太对劲。在医院，当医生把“亚健康”这样的字眼抛给梦洁时，她有些不相信，自己才刚刚大学毕业，正值青春年华，怎么会处于亚健康状态？医生笑着说：“就是你们这个年龄，自认为太年轻了身体很好，不珍惜身体，不注意饮食，所以，你们要特别注意自己的饮食习惯，否则很容易引发身体疾病。”梦洁拿着医师开的营养饮食清单，心里却在想，自己还真舍不得那深夜的美味烧烤呢！可是，另一面又是身体的健康问题。她陷入了纠结。

也许，我们身上都有梦洁的影子，不讲究早餐午餐的营养，却贪恋深夜的美味烧烤。但是，如果不良的饮食习惯和身体健康摆在面前，自己又会作出什么样的选择呢？虽然受到了医生的警告，但有的人还是“不见棺材不掉泪”，任性地折腾自己的身体，直到躺在了医院，才发现事情的严重性。其实，在这样的情况下，我们应该作出正确的选择，舍弃不良的生活习惯，摆脱亚健康的影子，恢复自己的身体健康。当你身体处于一个健康的状态时，心情自然会好起来，这样，也会使压力得到缓解，工作起来也更有干劲，你会发现生活原来是那么美好！

美国《赫芬顿邮报》曾总结了10种会诱发压力的不良生活习惯，各位不妨自我检测一下：

（1）沉湎于数字媒体。这种行为会导致自己产生孤独感、工作倦怠感。

（2）压抑情绪的宣泄。压抑情绪会让压力内生化，乃至对身心健康造成负面影响。对造成压力的事件，采用积极的方法应对，就能增强对它的掌控能力。

（3）久坐不动。研究表明，缺乏运动会给人的生理和心理带来挫败感，锻炼能很好地克制焦虑情绪。

（4）为金钱不顾兴趣爱好。有大量的心理学研究表明，财富会引发压力效应，破坏幸福感。很多人相信钱可以使自己感到幸福，但事实上，除了那些极度贫困的人，钱并不一定能买来幸福。

（5）追求完美。普通人不要刻意去追求完美，力争把事情做好即可。培养感恩之心有助于完美主义者适度降低他们的预期水平，从而减轻承压水平。

（6）对一切事情过度分析。反复思考只会增添更多的焦虑情绪，对女性来说更是如此。

（7）购物成瘾。物质至上主义者会增强压力的不良效应。

（8）介入别人的压力。大脑很敏感，当人们接近别人的压力圈时，就会向大脑发出感到担心的信号，让人容易做出承受压力的效仿行为。

（9）认为压力所引起的睡眠障碍不重要。短暂的压力并不会影响睡眠，但是，若不重视这种现象，进而导致长期缺乏睡眠，会让人更难处理压力。

（10）过分注意自己的财务状况。为了达到收支平衡而努力奋斗不仅会引发焦虑感，还会影响到认知能力。

减压启示

这些不良的生活习惯会给我们带来无形的精神压力，在不知不觉间占据内心，赶走快乐，使我们变得更加焦躁和不安。如果你感到一些无形的压力，那么先来自我检测一下，你是否存在这些不良的习惯呢？如果存在，那就想办法改掉这些不良习惯吧！

做事方式不正确，易产生疲劳

卡耐基说："良好的工作习惯可以令人有效率地工作，自然可以减轻一个人的疲惫感，当然也可以帮助人们消除内心的忧虑。"有这样一句俄罗斯谚语："巧干能捕雄狮，蛮干难捉蟋蟀。"这句话道出一个普遍的真理，即做事需要讲究方法，巧干胜于蛮干。埋头做事是好事，但如果你使用了错误的方法，只会让事情越来越忙，也会让自己越来越感到压力山大。生活中，没有一成不变的事情，处理不同的情况，需要我们因时因地制宜，采取不同的对策。所以，在做事情的时候，需要一种求实的态度和科学的方法，在任何情况下都要按科学规律办事，找准方法，这才是缓解压力的诀窍之一。

威廉多年以来一直担任某出版公司的高层主管。

在过去这么多年来，威廉每天都需要把一半的时间用来开会和讨论问题，每当这时，他都会表现得异常紧张，坐立不安，在房间里走来走去，与下属讨论，不停地争辩，一个会议可能开到晚上，散会时，威廉总是感觉到筋疲力尽。

在这样的日子重复很多年之后，威廉以为他这一辈子都会这样，不过，长久的疲惫让他开始思考，或许会有更好的办法。

威廉的秘诀是：第一，马上停止会议中一直使用的程序。比如，在以前，他会跟那些同事先报告一遍问题的细节，最后再询问“我们该怎么办呢”。第二，制定了一条新的规矩，任何人想要问他问题，必须事前准备好一份书面报告，内容要包括三个问题：

（1）到底是出了什么问题。在过去他们这种会议一般都要开一两个小时，但是大家仍旧弄不清楚真正的问题在哪里。大家经常是开始讨论问题，却不愿意提前写出来所讨论的问题究竟是什么。

（2）是什么导致了问题的出现。回想过去的会议，他惊奇地发现，虽然在这种会议上浪费的时间很多，但最后都没有找出是什么导致了问题的出现，也就是说，这个会议根本没有达到预期的效果。

（3）怎样来解决这些问题。出现了问题肯定需要解决，在过去的会议上，只要有一个人提出了一个解决方法，就有其他的人为此跟他争论，于是大家也争论起来。结果常常是说着说着就说到了别处，直到开完会，还在进行那个题外话。

当他提出这样几个问题之后，他说："过去那些跟我一起开会的人，经常会在会议上绕圈子，却从来没有提出过切实可行的解决方法。现在，我的下属很少会把他们的问题拿来找我了，因为他们发现，在需要回答我上面这几个问题之后，他们已经在仔细思考问题了，当他们做了这些之后，就发现大部分问题都不需要再来找我商量了。"

以上就是威廉摆脱无形的工作压力的方法。在过去，每当结束一个会议，他总感觉很累，而且更糟糕的是问题还没得到解决，既浪费了时间，又觉得根本没达到自己想要的效果。长此以往，最终的结果是他越来越害怕开会，甚至听到"开会"这两个字都会打不起精神来。这其实就是一种无形的压力，它不断地使人否定自己，打击人的自信心，最终人就会在压力的重压之下变得更糟糕。

这里有一些秘诀，可以帮助我们找到正确的做事方式，从而使压力得以缓解：

（1）尽早处理手头的事情。假如你的办公桌堆满了乱七八糟的东西，那么仅仅是这表面的东西就足够令人产生焦躁的感觉了，而且看似杂乱的文件会令人有一种错觉：还有这么多工作需要我去做吗？但是时间已经所剩无几了。

（2）按事情的重要程度来排序。全美市务公司的创办人亨瑞·杜哈提说："不管我出多少钱的薪水，都不可能找到一个具有两种能力的人，这两种能力是，第一，能思想；第二，能按事情的重要次序来做事。"当然，永远按照事物的重要次序做事并非那么容易；但是，假如制订好计划，先做计划上的第一件事，那绝对比你随便做一些事情要有效果得多。

（3）遇到问题时，尽可能当场解决。每次开会都要花费很长的时间，在会上总会有许多问题需要讨论，却不容易形成决议。最后，参加会议的每一位都不得不带着一大包文件回家细看。所以，遇到问题时，尽可能当场解决，绝不要拖延时间。

（4）学会组织、分权和监督。许多人做任何事情都是亲力亲为，他们不懂得将责任分摊给其他人，结果弄得自己疲惫不堪。在这样的情况下，即便一件小事情也会让他忙得够呛，他总感觉时间不够用，常常焦虑和紧张。尽管分权对于我们而言不是那么容易，不过，这并不表示我们不需要分权，事实上分权是领导者们避免忧虑、紧张和疲惫的最佳方法。

减压启示

爱因斯坦说："成功=艰苦的劳动+正确的方法+少谈空话。"许多人每天瞎忙，以为自己已经够拼了，却又不知为什么压力还是那么大。忙并不代表你努力，做事的方式最重要。正所谓“一分耕耘，一分收获”，努力是很重要，但做事方法更重要，如果方法错误，那拼搏也只会带来无尽的烦恼。

看重疲惫感，疲惫就会找上你

过度强调自己有多累，其实会让自己身心紧绷。英国著名的心理分析学家哈德菲尔德，曾在著作《权力心理学》中说：“我们感到的大部分疲惫，都是心理影响的结果。其实，纯粹是由生理引起的疲劳是很少的。”也就是说，在生活中，我们所感到的疲劳，大部分是因精神和情感因素所引起的。事实上，大脑是完全不知道疲倦的，即便工作8小时甚至12小时之后，大脑的工作效率也可以像刚开始工作时那样高。那么，在现实生活中，到底是什么让我们感到疲惫呢?

数年前，科学家们尝试探究人脑工作多长时间会感到“超负荷”，即疲劳的科学定义。试验的结果令人意外：当大脑在工作时，血液通过人脑时丝毫没有感到疲惫的迹象。然后，科学家从这些正在工作的工人们的血管里抽出血液，经检测，这些血液里含有许多疲劳毒素和疲劳产物。人们之所以会疲惫，大多因为情感或心理的因素引起的。

琳达深谙一种放松自己的方法。小时候，她偶遇一位老人。当时，她摔了一跤，膝盖碰伤了，手腕也扭伤了，那位老人看见了，赶紧将她扶了起来，并用手拍掉她身上的灰尘。然后，老人对她说："你不知道如何放松自己，所以你摔伤了。来，我来教你一种方法，你应该假装自己软得像一双袜子，像一双穿旧了的袜子。"然后，那位老人开始教她和其他的孩子如何跌倒不会伤到自己，如何跳，如何翻跟头，并告诉琳达自己曾经在马戏团当小丑，所以熟悉这些技巧。

最后，老人再一次强调："将自己想象成一双旧袜子，那就可以放松全身了。"

布列尔博士，美国著名的心理分析学家，他曾说："一个长期坐着的工人，假如健康状况良好，那他的疲惫百分之百是受心理因素以及情感因素的影响。"在现实生活中，许多因素都会导致人们疲劳，如呆板、懊恨、一种不受赏识的感觉以及慌乱、焦急、忧虑等。这些因素都将导致人容易疲惫、容易感冒、工作成绩有所下滑。人之所以感到疲惫不堪，是因为他们的情绪使身体变得紧张不安。

努力工作本身很少引起疲惫。导致身体疲劳的三大原因是忧虑、紧张、情绪不安。工作状态的肌肉就是紧绷的肌肉，学会放松自己，为其他更重要的事情省力气。或许，现在你可以自我检查一下：照镜子，是否发现自己正在皱眉，是否感到眼睛酸痛，是否正躺在椅子上休息，是否感觉肩膀酸涩，是否感觉浑身绷紧。假如你的肌肉正处于紧张的状态，那表示你正在人为地制造疲劳。所以，请放松自己吧，整个人瘫在椅子里，好好休息。

1. 随时随地放松自己

生活中有一种动物跟袜子一样慵懒，那就是猫。不管是躺在地上晒太阳，还是瘫在你怀里睡觉，猫都会放松自己的身体。所以，若你找寻不到放松的方法，不妨学学猫的动作。毕竟，猫是从来不知疲倦的。

2. 工作时保持舒适的姿势

在工作中，身体保持舒适的姿势。尽管大部分的疲惫是由于心理或情感方面的原因，不过身体的紧张会让肩膀酸痛，并由此带来精神上的疲惫。

3. 保持自省的习惯

每天保持自我检查的习惯，至少5次，比如，问自己："我是否使用了与工作无关的肌肉，是否让工作变得比实际上更繁重？"养成自我检查的习惯，有益于养成自我放松的好习惯。

4. 了解自己的疲惫状态

工作一天之后，需要及时了解自己的疲惫状态，即到底有多累。假如这一天感觉非常累，那就应该反思自己一天的工作是否有欠缺。当一天结束的时候，对自己说："我到底有多累？假如我感到劳累，这不是我过分忧虑的缘故，而是因为我自己做事的方法错了。"

减压启示

不要过多强调自己有多疲惫，而应学会如何放松全身。有人或许会问，是先从思想上放松呢，还是心理上放松？在这里，我需要告诉大家的是，应该先放松肌肉。当我们需要放松眼部肌肉的时候，可以让身子往后靠，闭着双眼，然后告诉自己："放松！别紧张！放松！别紧张！别皱眉！放松！"假如我们重复这个动作一分钟，那双眼马上就可以放松下来。

情绪糟糕，压力来袭

众所周知，情绪比生理更容易形成疲倦感。约瑟夫·巴马克博士曾做过这样一次实验：当时巴马克博士安排一大群学生参加了一系列的测试，而且这些工作都是他们厌恶的。结果，每个学生都感觉累、头疼、眼睛疼，而且总是打瞌睡、想发脾气，甚至有几个人的胃也产生不适的反应。当然，这些学生身上的不舒服感并非他们想象出来的。巴马克博士通过给他们化验得出了这样的结论——当一个人烦恼的时候，他身体的血压和氧化作用会有所下降。换言之，当一个人面对自己不喜欢的工作时，他就会感到厌烦。而一旦他从事自己感兴趣的工作，他体内新陈代谢作用就会加速。所以，消极情绪本身就会带来压力，当坏情绪袭来时，人们便会感觉到压力重重，几乎喘不过气来。

吉姆是一位年轻的汽车销售经理，他的前途一片光明。但是，吉姆的情绪非常绝望，他意志消沉，觉得自己要死了。甚至，他开始为自己挑选墓地，为自己的葬礼做一切准备工作。其实，吉姆的身体只是出了一点小问题，有时候会呼吸急促，心跳很快，喉咙梗塞，医生规劝："你只需要坦然面对生活、退出自己热爱的汽车销售行业就行了。"

吉姆在家里休息了一阵子，但是，他还是满是焦虑和恐惧，他的呼吸变得更加急促，心也跳得更快，喉咙依然梗塞。这时，医生劝他到外面去透透气，吉姆照做了，但依然无法阻止内心的焦虑和恐惧。一周过去了，吉姆回到家里，他感觉死神快降临了。朋友告诉吉姆："赶快打消你的猜疑！如果你到明尼苏达州罗切斯特市的梅欧兄弟诊所，你就可以彻底地弄清病情，而不会失去什么，赶快，立即行动。"吉姆听从了朋友的建议，他来到了罗切斯特，实际上，吉姆担心自己会在路途中突然死亡。

在梅欧兄弟诊所，医生给吉姆作了全面检查，医生告诉吉姆："你的症结是吸进了过多的氧气。"吉姆先是一愣，然后大笑了起来："那真是太愚蠢了，我怎样对付这种情况呢？”医生说：“当你感觉呼吸困难、心跳加速的时候，你可以向一个袋子呼气，或者暂时屏住气息。”医生递给吉姆一个纸袋，吉姆照办了，结果，他发现自己的心跳和呼吸都变得很正常，喉咙也不再梗塞了。当他离开诊所的时候，他已经变得容光焕发，原来这一切的症结都是因为内心的焦虑和恐惧。

焦虑和恐惧是一种压力，长期的焦虑和恐惧会让我们相信，某个想象中的事情将变成现实。在这样的消极心理中，那些预感中会发生的事情真的发生了，到最后，我们的焦虑和恐惧越来越严重，以至于身体真的出现疾病。在这里，告诫大家：心理不健康，诸如焦虑或恐惧会形成压力，进而导致我们的身体不健康。

事实上，在生活中，我们的压力往往不是由工作引起的，而是源自忧虑、挫折和怨恨。假如你所做的是费心的工作，那促使你感到疲惫的是你讨厌这份工作，而非繁重的工作量。有时候我们都会有这样的经历：工作一天好像什么都不对劲，工作总是做不好；那些该回复的邮件没有及时回复；本来和女朋友约好的，结果自己却因为工作未能赴约……总之，感觉生活到处都是麻烦。结果，下班的时候，你感觉今天没有一丝收获，而且感到筋疲力尽，头痛欲裂。不过，到了另外一天，你情绪比较好，工作效率几乎是之前的几十倍。即便工作一天回到家，你也感觉不到累，反而觉得精神百倍。

1. 执着坏情绪会上瘾

若一个人总是沉浸在坏情绪中，时间长了是会上瘾的，这就好像吸毒一样。比如，失恋的女孩子总会想办法去打探前男友的消息，总也控制不住自己，一旦有渠道可以听到前男朋友的消息，她就兴奋，听到消息之后，或悲伤或高兴，但更多的是把她带到过去痛苦的感情世界里，结果，她越是强迫自己忘记，越是深陷其中。

2. 人总是可怜地想破罐子破摔

一旦一个人被负面情绪所困扰，在他体内全是负能量的冲撞，他就很可能放弃自己。不管怎么样，你永远需要认清一个事实——在这个世界上，没有谁可以打败你，除了你自己。假如你总是画地为牢，将自己牢牢设限在某个位置，破罐子破摔，那你永远走不出来。

减压启示

相对坏情绪而言，积极情绪给人向上的信心和希望，鼓舞人不断地追求幸福生活。现代社会是一辆疾驰的列车，它更需要能量的驱动，坏情绪就好像是劣质的汽油，会对列车造成致命的伤害，甚至引发故障，导致抛锚。因此，我们只有拥有更多的好情绪，列车才能安全地驶向远方。

塞利格曼效应，谁制造了绝望

通常情况下，人们捕捉到的是小象，他们把小象养在木桩制成的围栏内。小象小时候曾想过逃跑，但是，那时候它们力气还小，无论如何用力都对付不了木桩。时间久了，小象内心深处就树立了一个牢固的信念：眼前的木桩是不可能被扳倒的。即使小象长大成为大象，已经有足够的力量去扳倒一棵大树，也依旧对圈禁它的木桩无能为力。这是一个奇怪的现象。这种现象就是“塞利格曼效应”，通常是指动物或人在经历某种学习后，在情感、认知和行为上表现出消极的特殊心理状态。

美国心理学会主席塞利格曼曾做过这样一个实验：刚开始把狗关在笼子里，只要蜂音器一响，就对狗进行令其感到痛苦的电击，狗关在笼子里逃避不了电击，多次实验之后，蜂音器一响，在对其电击前，先把笼门打开，这时狗不但不逃，而且不等电击就先倒在地上开始呻吟和颤抖，本来可以主动地逃避，却绝望地等待痛苦的来临。塞利格曼把这种现象称为“习得性无助”。那么，在人身上是否也存在着这一特性呢？答案是肯定的。一旦沾染上习得性无助，人们就会在内心给自己筑起一道永远的墙，他们坚信自己无能，放弃了任何努力，最后导致失败。

不久之后，塞利格曼进行了另外一个实验：他将学生分为三组，让第一组学生听一种噪声，这组学生无论如何也不能使噪声停止；第二组学生也听这种噪声，不过他们可以通过努力使噪声停止；第三组是对照，不给受试者听噪声。当受试者在各自的条件下接受一阶段的实验之后，又令他们接受另一种实验。实验装置是一个“手指穿梭箱”，受试者把手指放在穿梭箱的一侧就会听到强烈的噪声，但放在另一侧就听不到噪声。实验表明，能通过努力使噪声停止的受试者以及对照组会在穿梭箱实验中把手指移到另外一边；但第一组学生的手指始终停留在原处，任由噪声响下去。这一系列实验表明习得性无助也会发生在人的身上。

习惯是一种自然，人们若不自觉地沾染上习得性无助，就会有一种“破罐子破碎”“得过且过”的心态，而且，这种消极心态很有可能会感染给他人。有的员工在给客户打电话的时候，电话刚接通就开始说：“你们没有这个计划啊？那好，再见。”他的脸上没有失望的表情，似乎已经习以为常。即使上司告诉他“这个单子你去跟一下”，他也会无奈地表示：“跟了也没用，他们没兴趣的。”这些都是生活中典型的习得性无助，也许他们就是我们的一个缩影。

有一天，心理学教授罗伯特先生接到了一个高中女孩的电话，在电话里，女孩子带着沮丧的口吻重复着：“我真的什么都不行！”罗伯特教授感觉到她的痛苦与压抑，他亲切地询问：“是这样吗？”女孩好像对自己特别失望：

“是的，我和同学的关系不好，大家都不喜欢我；我的学习成绩一般，老师也不正眼瞧我；妈妈把所有的希望寄托在我身上，我却无法满足她的愿望；我喜欢的男孩也不再喜欢我了，我已经感觉不到生活里的阳光了……”罗伯特教授追问：“那你为什么要打这个电话？”女孩继续说：“不知道，也许是想找个人说说话吧！”经过了一番交谈，罗伯特教授明白了女孩的问题——习得性无助，却又缺乏鼓励。假如一个人长时间在挫折里得不到鼓励与肯定，那真的会逐渐养成自我否定的习惯。

接着，罗伯特教授说：“我觉得你有很多优点，有上进心、是个懂事的孩子、说话声音很好听、很有礼貌、语言表达能力强、做事情认真、能够与人沟通……你看看，我们才聊了一会儿，我就发现你有这么多的优点，你怎么能说自己什么都不行呢？”女孩惊讶地问：“这能算优点吗？没有人这样说过呀？”罗伯特教授回答说：“从今天开始，请把你的优点写下来，至少要写满10条，然后，每天大声念几遍，你的自信心会慢慢回来。要是发现了新的优点，别忘了一定要加上去啊！”

教授罗伯特先生这样告诉他的学生：“在我们的身边，可能也有许多人像这个女孩一样，在经历过挫折之后就觉得自己什么都不行，但是，我希望你们今后彻底打消这种念头，无论什么时候，在做任何事情之前，都不要急于否定自己。”

1. 经常说自己不行，最后真的不行

经常把“我不行”“我不能”挂在嘴边，这是愚蠢的做法。因为心理暗示的作用是巨大的，一旦经受某个挫折就断然给自己下结论“不行”，实际上是给自己一个消极的心理暗示，时间长了，你真的会习惯性地说“我不行”。

2. 可怕的不是环境，而是面对失败的态度

多次失败之后，人们成功的欲望就减弱了，甚至会习惯失败而不采取任何措施。其实可怕的不是环境，不是失败本身，而是这种无能的感觉以及我们面对失败的态度！当习惯成了自然，习得性无助就会粉墨登场——令人破罐子破摔、得过且过，而它也会成为侵蚀组织躯体的蛀虫。

减压启示

很多人在经历了一两次挫折之后就好像失去了挫折免疫能力，他们对于失败的恐惧远远大于对于成功的渴望。由于怀疑自己的能力，他们经常体验到强烈的焦虑，身心健康也受到影响。而且，他们认定自己永远是一个失败者，无论怎么努力都会无济于事，即使面对他人的意见和建议，他们也还是以消极的心态面对生活。我们应该尽量避免这样的心态，正确评价自我，增强自信心，让心坚强起来，摆脱无助的境地。

第 03 章

时代通病：现代人都有哪些压力

人们的心理压力源自为工作紧张、事业受挫、家庭不和谐等问题，这些压力往往郁积在人们的内心深处，如果得不到及时调试，轻则令人心情沮丧，陷入绝望；重则令人的身体也出现不适。那么，对于现代社会的不同人群来说，压力源分别是什么呢？

剩男剩女：大龄青年的苦恼

在父母那一代，20岁左右就结婚生子了，而现在的年轻男女到了30岁都还不结婚，以致两代人之间的鸿沟越来越大。随着年龄的增长，父母开始催促剩男剩女早点结婚，即便是在平日生活中，也经常有意无意地提起婚姻的话题，这给剩男剩女们带来了极大的家庭压力。他们经常听到的就是父母关于婚姻的话题："你年纪也大了，应该考虑婚姻问题了。"这样的话不是偶尔听到，而是经常听、天天听，时间长了，一旦听到这样的字眼，就会触动剩男剩女的敏感神经。在家庭压力的重压下，他们长时间地承受着社会和内心的压力，容易产生一定的心理问题。他们害怕谈论恋爱和婚姻问题，不喜欢别人的指指点点、冷言冷语，多次相亲未果、恋爱不成之后，他们就开始怀疑自己，认为自己找不到对象，但又不甘心将就条件一般的对象，心里就一直这样矛盾着。这时候，如果家里再上演"逼婚"这样的剧目，那他们就有可能因压力作出仓促的决定。

每每到了回家的日子，剩女们总是心惊胆战的，既想回家，又怕回家——怕回家就被父母念叨结婚的事情。尤其是老家在农村的女孩子，在农村，凡是超过20岁的女孩子就算是大龄剩女了，在父母的眼里，这样的年纪已经很难找到合适的对象了。因此，父母特别着急，他们将自己内心的焦虑转化成对女儿的念叨和逼婚，有的父母甚至骗女儿回家相亲，这样的情节几乎在每个家庭里都上演过。

小瑶今年25岁了，在老家也算是大龄剩女了。每次父母打来电话，无非就是那句话："最近相亲没？遇到合适的就嫁了吧。"搞得小瑶烦不胜烦。不仅如此，每次去亲戚家，她都会受到亲戚的"教导"："小瑶，你今年也有25岁了吧，年纪算大了，赶紧找个合适的对象，看你爸妈整天为你的事情担心，吃不好、睡不好的，他们年纪大了，把你培养成人，现在不是该让他们安心的时候吗？你早点把事情解决了，他们也少操心。"每到这时，小瑶就要抓狂了，虽然她对于这样的劝说很反感，但心里还是会涌现出一种对父母的愧疚感。

小瑶经常对朋友说："你说我是不是应该快点去找个合适的男人嫁了，否则就对不起父母？"虽然朋友尽力开导，但小瑶始终被这个问题困扰着。她觉得，自己不应该那么任性了，以后相亲时就听父母的吧。

在后来的相亲中，小瑶不再那么排斥了，也听了父母的意见。她不到两个月就相到了一个“合适”的——之所以说合适，是因为男方的工作、家境都顺了父母的意，而两人彼此之间也不太反感，就试着交往了。交往半年，双方家庭开始催婚了，小瑶就这样被送进了“围城”。

婚后，小瑶才发现那个男人根本不是自己想要的，双方没有什么共同语言，整天除了回到同一所房子，几乎没什么别的事情。她这才意识到自己当初太过仓促，但为时已晚，现在也不能着急离婚，因为怕父母担心。

生活中，一些剩男剩女都经历过这样的过程，先是反感父母的催婚，后来不堪家庭的压力，只得妥协。他们凡事都听父母的，让父母一手去安排，父母觉得合适就行，他们不再“反抗”。最后，他们按照父母的眼光，找了一个各方面都“合适”的对象，把婚事办了，结婚之后才发现自己的幸福已经被毁了，但为时已晚。其实，越是剩男剩女，越需要抗住家里的压力，毕竟，结婚是人生大事，不能仓促进行，而需要选择一个合适的对象。

1. 积极参加社交活动

在父母施加的压力下，剩男剩女应积极参加社交活动，创造与异性沟通的机会。剩男剩女可以利用自己的业余时间学习烹饪，去健身房，练习瑜伽和交际舞，参加单身派对等活动。这样不仅丰富了自己的业余生活，还增加了认识和了解异性朋友的机会，这比起父母安排的相亲、亲朋好友的介绍更合适。如此去选择自己的另一半，建立在这种深入了解基础上的婚姻会更稳固。

2. 与父母好好沟通

很多父母与孩子在婚姻大事上不能达成统一的意见，父母看重对象的工作是否稳定、工资是否高、家境是否好；而剩男剩女则看重对方的外貌、品行等方面。对于这样的分歧，你需要与父母好好沟通，尽量达成统一的意见，需要让父母明白："感情是两个人过日子，它所需要的是内在条件，而不是外在硬件。"当遇到与父母意见不同的时候，一方面可以说服父母，另一方面也可以适当听从父母的意见，毕竟父母也是为了孩子的幸福着想。

减压启示

大多数剩男剩女是因为社交圈比较狭窄才剩下来，所以平时要积极参加一些社会活动，如朋友的聚会，给自己创造机会，克服等待心理，主动出击，扩大自己的交际圈。对于父母及身边亲戚给予的压力，要适时缓解，不要在强压之下变得对婚姻毫无看法，毕竟最后的婚姻生活是需要你自己经营的。

忘年恋真的能白头到老吗

近几年，陆续有“爷孙恋”“老少恋”“母子恋”这样的新闻曝出，年龄相距大的恋爱组合比以前常见了不少，但如此的年龄落差还是会引来很多关注。这些“老少恋”经媒体报道之后，受到舆论的压力，往往不能求得一个很好的结果。而这些当事人，双方均承受着常人难以想象的巨大压力。

陶老太和颜松同住在一个村子，9年前，陶老太家的一个音响坏了，背到镇上没修好，无奈之下找到同村小伙颜松。28岁的颜松虽然没上过一天学，还患过小儿麻痹症，手脚不便，但他凭着兴趣自学了修理技术。很快，他就将音响修好了，工钱分文不收。

从此，陶老太开始对颜松另眼相看：这位小伙子虽然身有残疾，但头脑聪明，为人不错。颜松也认为，陶大姐会关心人，心地善良。爱情的种子在两人心里悄悄发芽了，他们开始频繁往来。可是他们的年龄相差太多，闲言闲语一时传得沸沸扬扬。陶老太的儿子激烈反对，母亲的行为让他在村里抬不起头；颜松的母亲与姐姐也非常不理解，认为颜松自己都难养活，还要找个老太婆当老婆，完全是找拖累。

于是，两人商量决定远走高飞……

从世界各地收集的数据表明，几乎所有的男人都渴望与年轻女人结婚，而女人则渴望与年长男人结婚。在很多年轻女人看来，年长一点的男性阅历更丰富、思想更成熟、更有智慧和魅力，同时更懂得照顾和体贴人；而在年长者看来，年轻女性充满青春活力和好奇心，跟她们在一起，生活会充满乐趣。“忘年恋”从某个程度来说，让女人变得更成熟，让男人变得更年轻。

心理学家认为，老少恋除了要克服年龄差距外，更要有心理准备接受“老少恋”带来的闲言闲语。双方开始一段年龄差距较大的恋情前，必须要谨慎对待，否则会变得复杂。特别是当恋情以分手告终时，其中一方会难以接受、充满怨恨甚至失去理智。

通常情况下，一段“老少恋”要面对重重的阻力。

首先是流言蜚语。双方年纪差不多，或者一方略大，这是目前婚姻的常态。而老少恋年龄差距太悬殊，在身边人看来，一方可以当另一方的长辈，而却如此组合，一定是有什么企图。而若是男方娶娇妻，则会被说成“老牛吃嫩草”，以后的婚姻生活也必定伴随着许多不理解的眼光以及无数的流言。

其次是沟通上的隔阂。人通常认为，两人年纪相仿，有差不多的社会经历，会比较容易找到共同的话题，更容易沟通。但老少恋隔着时代，不同的成长背景以及社会阅历，让两个人在思维上存在较大的差异，在沟通上必定存在难以逾越的鸿沟。

最后是生活上的问题。一个人正值青春年华，而另一个人正在老去。尽管双方之间存在着所谓的爱情，但难以避免的是，其中一个必然更早离开人世，这自然是令人难过的。而在夫妻生活上，这样的搭配也难以和谐，许多老少恋在激情之后慢慢转淡，其中有一方情感出轨也是很常见的。

那么，老少恋该如何来应对这些压力呢？

1. 拥有强大的内心世界

老少恋本身就需要冲破世俗，毕竟选择一个年龄差异巨大的人需要很大的勇气。除了平时能够抵抗各种流言蜚语外，还需要承受另一半先老去的心理压力。而除此之外，关于年龄差距所造成的夫妻生活不协调，则更需要强大的抗压能力。

2. 以相爱为基础

每一段婚姻都应该以爱情和自愿为基础，假如其中一方是因为金钱、名利、地位、虚荣、寂寞、报答或者冲动而结婚，那这段婚姻是不会有一个好结果的。尤其是当这种利益关系不再或感情变淡或生理心理无法满足的时候，婚姻就会面临破碎的结局。

3. 互相包容

在这段恋情里，双方需要互相理解包容。这个是相互的，但相对而言，需要年轻的那位更能理解和包容。毕竟当初是因为爱情选择在一起，那就应该接受现实，尊重对方，且需要欣赏对方的优点并及时地给予赞美，包容各种差异。

减压启示

我们一直相信，在真爱面前，年纪绝对不是什么问题。而老少恋在现代社会也不足为奇，不过这并非婚姻的常态。所以，在选择这样的婚姻之前，一定要认真思考，充分考虑自己是否能够承受各种压力及差异。当然，一旦选择了这段感情，就要用心经营婚姻，守护自己的幸福。

职业迷茫：我的未来在哪里

如何才能找到适合自己的工作?

很多年轻人最大的悲剧在于他们根本不知道自己想做什么，这些刚刚从象牙塔中走出来的年轻人，其中很多人拥有高学历，而他们却对自己的未来十分迷茫。

你或许不知道，一份适合的工作可以展现出自己最大的价值。

大卫·奥格威曾当过推销员，做过农夫，当过外交官。他移居在美国，同时却不断往来于欧洲大陆。年轻时的奥格威雄心勃勃，他有两个梦想：一个是拥有一部劳斯莱斯汽车，另一个是获得爵士爵位。于是，每到黄昏的时候，他都会去英国国会下议院，坐在观众席里倾听别人讨论，他渴望自己有一天也能参加这里的讨论。

但是，突然有一天，奥格威发现自己对这一切失去了兴趣，他对自己说："这里并不适合我。"然后，他就站了起来，以一种坦然而轻松的心情走出了下议院。解脱之后，他的内心却充满了焦虑：自己38岁了，还能够使生命辉煌吗？没过多久，奥格威创办了一家广告公司，经过多年的发展，他被誉为现代广告的"教皇"。

大卫·奥格威找到了适合自己的工作，演绎了精彩人生。奥格·曼蒂诺曾这样写道："我们的命运如同一颗麦粒，有着三种不同的道路。一颗麦粒可能被装进麻袋，堆在货架上，等着喂给家禽；有可能被磨成面粉，做成面包；还有可能撒在土壤里，让它生长，直到金黄色的麦穗上结出成千上百颗麦粒。人和麦粒唯一的不同在于：麦粒无法选择是变得腐烂还是被做成面包，或是被当作种子；而我们有选择的自由，有行动的自由，更有心的自由。我们不该让生命腐烂，也不该让它在失败、绝望的岩石下被磨碎，任人摆布。"悠悠生命历程里，我们只有找到适合自己的工作，才能展现出自己的人生价值。

关于如何找到适合的工作，这里有几点建议：

第一，向就业指导中心求助。你可以向有关咨询师或就业指导中心进行咨询。就业指导中心，作为一种新兴的职业，或许尚未发展完善，甚至还没有登上较大的平台。不过，这个行业的前景还是比较广阔的，毕竟有那么多人不知道自己应该做什么。所以，假如你还在为寻找合适的工作而烦恼，那不如前往自己所在社区的职业指导中心或是一些专业的职业生涯规划机构，希望他们可以给你合理的建议。

第二，发掘自己的优势。若你已经决定从事某个行业，那你就要花费几个星期甚至几个月的时间找到自己在这个行业的优势。至于如何寻找，你可以向那些在这个行业中工作了十年、二十年或是四十年的前辈请教。

第三，你不只适合一份职业。你觉得自己只适合一个行业？当然不是。成功大师卡耐基就是一个活生生的例子：假如他可以潜心研究，然后做好一切准备，他相信自己能够在这些行业中做出成绩，如农业种植、水果栽培、科学耕种、医药、销售、广告、地方报纸的编辑、教育和林学。

减压启示

许多人正是因为不知道自己可以做什么、想做什么，结果一生碌碌无为。他们尽管曾经怀揣着远大的梦想，拥有玫瑰花般的年纪，最后剩下的不过是过度的疲惫以及崩溃的精神状态。此外，在这里需要额外说明一点，选择合适的职业对身体健康非常有益。

职场人际：复杂的人际关系让我头疼

10月10日是世界精神卫生日，统计数据显示，目前我国100个人中就有6个人是抑郁症患者，其中以25~40岁的中青年居多。专家提醒，人际关系与职场压力已成为年轻人患焦虑、抑郁等疾病的首因。所谓职场如战场，造成上班族工作压力的因素中，“人际关系紧张”已经排在压力源的第一位。作为职业者，人们每天的工作已经非常繁忙了，但每天令人们头痛的依然是：为什么同事和老板都那么不好相处？

拿破仑曾说：“不想当将军的士兵不是好士兵。”在职场生涯中，每个人都希望成为将军，哪怕做不成将军，也都希望能为自己谋得一官半职。因此，每个步入职场的人首先要面对的问题，便是善于沟通，创造办公室的和谐环境、营造良好的人际关系网，不管是对于新入职场的年轻人还是职业遭遇瓶颈的长老们来说，都是非常不容易的。

总公司的销售经理王乐最近才到分公司来指导工作，与下面的同事还不是很熟悉。因此，为了与同事之间建立融洽的关系，有助于顺利完成自己的工作，她在来公司的第一个周末就邀请同一个部门的同事一起吃饭。

大家在吃饭的时候，不知道是谁无意间谈起来了一位刚刚离职的副总经理张慧，入职不久的小李心直口快地说张慧脾气不好，经常无故对下属发脾气，很难相处。王乐这时候插了一句："是吗？是不是她的工作压力太大造成心情不好？"小李撇撇嘴，说："我看不像是工作压力大的原因，30多岁的女人嫁不出去，既没有结婚的兆头也没有男朋友，老处女都是这样的，有点心理变态。"说完，他自己一个人笑了起来。可是，听了小李的话，刚才还争相发言的同事都闭上了自己的嘴巴。因为，除了入职不久的小李，很多在座的老员工可都知道，王乐也是一位还没有结婚的老姑娘。这时，好在一位同事及时转换话题，才抹去了王乐隐隐的难堪。

饭后，小李从老员工那里得知了事情的真相，不禁为自己那句话悔青了肠子。

从这个案例可以看出，职场成于沟通亦败于沟通。人际沟通是一个复杂的心理和社会过程，在大部分组织中，沟通不畅是其面临的一个基本问题。从人际误解到财政、运营和生产问题等，无不与沟通低效有关。而这种沟通不良主要源于两个方面：一个是从上到下的沟通障碍，另一个是从下到上的沟通障碍。

职场人际关系的压力对于职场新人而言尤其突出，刚进职场的新人对于职场上许多规则都是陌生的，容易出现说错话、鲁莽、急于表现的情况，这样很容易引起别人的反感甚至敌意，给领导和同事们留下一个轻浮的印象。而在事情尚未弄清楚的时候，做出一些不合时宜的言行，则会得罪身边的同事和领导。

那么，如何来缓解这种职场人际关系的压力呢？

1. 倾听同事抱怨，但不要被坏情绪感染

那些喜欢抱怨和心态消极的同事总是令人讨厌，不过，如果完全不搭理，则会被视为冷血无情人。所以，当同事抱怨的时候，自己可以怀着同情心倾听，但不要被对方的坏情绪所感染。在倾听过程中，可以在合适的时间打断对方，问对方解决问题的方法。

2. 不要纠结于小事情

在工作中坚持原则很重要，不过，事无巨细地过分坚持，则会让你消耗太多的精力。通常高情商的职场人懂得保持精力的重要性，他们只会对那些有把握且关键的问题作出适时的调整，同时坚持自己的观点。

3. 对同事的无理取闹不予理睬

一些不靠谱的同事往往会把你逼疯，因为他们的工作方式不符合逻辑。不过你用不着那么认真地予以回应，哪怕对方正在做无理取闹的事情，采取置之不理的态度反而是最好的回应。

4. 不用那么在乎同事的评价

同事的评价或许会给自己带来成就感和满足感，不过别把这些评价当成自我认可的唯一理由，更不用反复地拿自己与他人作比较，毕竟你的自我价值是源于内心的东西。

5. 不要喝太多咖啡

咖啡会促使肾上腺素释放，它是攻击或逃避反应的来源，它可能让你遇事后快速反应，但也可能让你回避理性思考。所以，当工作很累的时候不要硬撑着，不要喝太多的咖啡，只有好好休息才能恢复精力。

减压启示

想要建立和谐的人际关系，就要善于选择沟通方式，随着互联网的普及和电信的发展，电子邮件、短信、即时通信成为人们沟通的新方式。对于职场中人而言，沟通方式的增加以及新的沟通方式的便捷，并不意味着完全放弃传统的沟通方式。这就要求我们在处理不同工作时考虑哪种沟通方式更利于解决问题，只有运用正确的沟通方式，才能收获自己想要的结果。

"负翁"：超负荷的消费带来的经济恐慌

当今社会，在市场经济条件下，当人们的消费欲望超越了自己的购买力时，超前消费就应运而生了。最初，超前消费的观念是来自于西方国家，而那时所有的中国人都习惯于把钱放在银行或者地窖里，辛苦存一辈子的钱也说不清楚自己究竟想要什么。后来，西方超前消费的观念慢慢进入了中国人的视野，人们发现原来生活还有另外一种方式，即便是背负着债务，还是可以活得很潇洒。于是，由开始的质疑到后来的接受，如今，这样的字眼儿更成为人们的口头禅。年轻人热衷于办各种各样的信用卡，上班族开始考虑通过向银行贷款买房买车，人们成为“房奴”“车奴”，却乐在其中。但是，在这个过程中，有人提出了反对的声音，“超前消费葬送了美国人的梦想”，那一场场灾难性的金融风暴还历历在目。人们对“超前消费”的生活方式的态度也矛盾起来，有人不甘愿当一辈子房奴，但迫于现实还是乖乖就范了。其实，超前消费也是有利有弊，把握不好就容易沦为自己所追求的消费品的“奴隶”，因而，面对超前消费，我们更需要量力而行，把握好适合自己的度。

阿美，公务员，月收入3000元。去年11月，阿美如愿按揭了一套房子，拿到钥匙的当天，阿美如释重负：我终于不需要再租房了，我终于迈进有房一族了，我终于是房子的主人了。

然而，月供1715元的房贷让阿美气喘吁吁，承受着“一天不工作，就会被世界抛弃”的精神重压，不敢娱乐不敢生病，除了买书以外不敢高消费。自己的酸辛不足为外人道也，至此阿美终于发现，自己其实并不是风光八面的房主，而是货真价实的“房奴”。

阿美常常想，要是不买房，节省下来的钱足以使我的生活质量提升一个档次；要是不买房，节省下来的钱也足以让远游的自己多一份孝敬父母的心意；要是不买房，自己也势必活得更有尊严，不必承受许多原本不该有的精神重压。自己拥有了房子，却失去了幸福；自己得到了房子的同时也得到了压力，这真是一种悖论。有时，阿美不免这样问自己：买房难道是一个美丽的错误吗？特别是对于我这种收入水平的人而言。但转念一想，要是不买房会怎么样呢？那就要持续租房。买了房子是“房奴”，不买房子是流浪一族。要平衡两者之间的鸿沟，也许只能企盼房价下跌。

现在的房价一天比一天疯涨，大多数居无定所的年轻人决定了当房奴，在力所能及的情况下，过着比较拮据的生活。另外，房地产行业的利润高得让许多当事人都不好意思说出口，尽管阿美已经买了房子，但看到这样的情形，想必有一种复杂的情感。阿美的超前消费还算在自己的能力范围之内，虽然是过得辛苦点，但自己已经不再流浪了，也就心安理得了。

“下个月又有3000元信用卡欠款要还，唉……”每月拿到刚发到手的5000元工资，章小姐一点也兴奋不起来，她只会皱着眉头盘算这有限的5000元该如何分配，这个月如何才能躲过财务危机。

章小姐，是一个小资情调比较浓但又很精明的女人。为了保证自己的生活质量和品位不受影响，章小姐从内心里感谢发明信用卡的那个人。因为有了信用卡，她才得以实现她的理想生活——虽然收入一般，但名牌衣服、高档化妆品、数码相机、笔记本电脑、高档家具一样不少，这些都极大地满足了她的虚荣心。

通过信用卡消费，章小姐得到了很多超出自己消费能力的物品，但“天下没有免费的午餐”，债终究是要还的。章小姐越来越感觉到信用卡带来的还款压力已经让她透不过气来。最近章小姐总是感觉很郁闷：工作4年，只有几千元存款的她，平均每个月收到三四份不同银行寄来的对账单，总还款额每月不低于3000元。而她每月的总收入也不过5000元左右，除了还信用卡之外，她还要应付房租、水电费、交通费用、社交活动费等，这让她时常感觉到财务紧张。对她来讲，信用卡导致的这些债务就像是一座无形的大山，压在她的心上。

章小姐成了名副其实的卡奴，且生活得如此劳苦不堪，究其原因，能把自己逼到这样的地步，并不完全源自竞争激烈的社会现状，而是因为她没能好好规划自己的人生事业。她每天追求小资情调的消费，迷迷糊糊地过着日子，随波逐流地选择并不适合自己的消费方式，以至于把自己逼成了“奴隶”。如果章小姐想要摆脱这种束缚，那只有对自己的人生合理规划，摆正心态，清楚地认识自己的人生目标，选择适当的消费，舍弃奢华的消费，如此才能够驾驭好自己的人生。

近几年，“房奴”“车奴”和“卡奴”等一些新词汇悄然流行起来，每个人虽然嘴上都显得心不甘情不愿，心里却乐得享受当下的生活。实际上，广大的消费者已经成了房子、汽车、信用卡的“奴隶”。当然，他们也拥有自己的办公桌、电脑，靠着赚取报酬，同时向某个或几个“债主”支付利息或无报酬的服务，那几个债主就是现实存在的房子、汽车、奢侈品，他们只能默默地承受着支付的压力。

1. 超前消费，必须是自己迫切需要的

知名的经济学家说：“适当的超前消费是可以，但必须是自己迫切需要的，且能通过合适的途径来还清这部分钱才行。”另外，从经济学上看，超前消费可以通过储蓄和贷款对消费进行跨期替代，实现自身效用最大化，这在某种程度上来说是合理的。

2. 超前消费不等于过度消费

我们不能忽略超前消费所带来的弊端，那就是容易令人滋生盲目攀比的心态，追求高消费，在偿还无力的情况下，做出违背道德甚至触犯法律的事情。所以，超前消费并不等于“过度消费”，必须控制在力所能及的范围之内。

3. 理性消费

在日常生活中，不要被银行或商家的促销手段冲昏头脑而盲目消费、冲动消费、过度消费，只购买自己需要的，控制购买欲望。理财是需要持之以恒的，平时调整自己的消费习惯，避免消费和自己的收入不匹配。一旦过度消费，不能如期按时还款，必将导致自己的经济状况变得更加糟糕。

减压启示

如果所购买的消费品在自己能力之外，即便是选择超前消费也填补不了那个无底洞，那么这时候你就应该质疑自己的消费方式了。控制那种消费的欲望，选择适当的超前消费，才能打理好自己的财富人生。

第 04 章

审视内心：你的承受力由心理决定

一个压力承受力强的人，往往比大多数人活得更成功；反之，一个压力承受能力差的人，则容易被社会和群体抛弃，而他往往也会成为最先抛弃自己的人。这是为什么呢？心理学家认为，一个人的压力承受力是由其心理决定的。

恐惧——不敢迈出第一步

在生活中，一些人饱受许多压力：讨厌面对人群或害怕面对人群，觉得恐惧、不好意思，对自己以外的世界有着强烈的不安感和排斥感；常常逃离人群，除了几个亲近的人之外，不愿意与外面的世界沟通。他们中大多都有人际交往障碍，心里有很多苦恼："我性格内向，不愿和别人交往，挺烦的，怎样才能做一个善于交际的人呢？""我是一个女孩，我想说的是，无论和男的还是女的说话，我都不敢看对方的眼睛，手一会儿挠头一会儿揣兜，不知道该怎么办。""我太在乎别人对我的看法，和别人沟通时，我总担心别人怎么看我，尤其是面对比较重要的人时，我还有点自卑。""我觉得自己心理上有问题，很多时候很想跟别人聊天，但又不知道有什么好聊的，我很害羞，说话也不敢大声，我感觉自己好胆小好内向。"从这些心声中，我们可以看出，他们中的大多数只是性格内向不善于交际，或是不懂得社交的艺术，而导致社交过程中出现不适，而并非他们不愿意与人交往。

艳艳17岁了，是一所普通高中的二年级的学生，爸爸和妈妈都是大专毕业，在机关工作，家族都没有精神疾病史。因为家里就她一个孩子，全家人对她都很疼爱，不过，她爷爷对他要求严格，希望她将来可以做出一番大的事业。艳艳从小就很腼腆，不喜欢说话，家里来陌生客人了，她也经常避而不见。在整个读书期间，她都没什么朋友，平时不上课就窝在家里。

但现在艳艳开始读寄宿高中了，她感觉到很多事情不顺利，她很苦恼，常常向妈妈抱怨，一副不知所措的样子。前不久，艳艳在学校，一个男生无意中用余光瞄了一下她，她就觉得对方在警告自己。从此，她更害怕与人打交道了，尤其是一遇到异性就很紧张这种状态使得她注意力无法集中，学习没有效果。后来，这种情况更加严重，发展到与同性、与老师不敢视线接触。她常常对妈妈说："妈妈，我很痛苦，好苦恼，可又不知道该怎么办。"

在青春期，性格内向的孩子往往害怕社交，严重的还会发展成社交恐惧症。在青春期，一个人生理和心理都将发生急剧的变化，如果在这一阶段遇到心理压力，没有解决好，就很可能影响孩子将来的升学、求职、就业、婚姻等一系列社会化进程。

1. 尽可能与他人交往

别总是一个人宅在家里，时间长了会“发霉”。所以，如果要突破自己的交际恐惧，就需要走出家门，尽量与他人交往。在与他人的交往中，你将学会遵守共同的规则，学会与人交往，学会尊重别人的权利。而且，你将从中学到如何与人合作，如何交朋友。

2. 参加活动可以帮助你拓展圈子

在家里，你所能接触到的一般只有自己的家人。在公司，即便是一起工作的同事，也只是打个照面，没有真正接触，更别说成为朋友了。而公司举办的一些有意义的集体活动恰好为你提供了这个机会，在活动中，你可以认识更多的朋友，相应地，也拓展了你的交际圈子。

3. 参加活动可以有效锻炼你的交际能力

有的人比较羞涩，性格内向，他们的交际能力较差，像这样的人更应该参加一些有意义的集体活动。在活动中，气氛比较热烈，能够激起大家聊天的欲望，如此的话，能够有效地锻炼你的交际能力，提升你的口才水平。

4. 明白没什么可怕的

应该明白在交际场合没什么可怕的，即便出现了最糟糕的场景。你可以将一切可能发生的最糟糕的情况列举出来，最后你会发现，其实也没什么大不了的。所以，遇事先让自己冷静下来，只要做好自己，就没什么可怕的。

5. 做一个主动者

奥巴马总是面带微笑自信地走向大家，然后花一段时间向在座的人介绍自己，他的一切行为都令他看起来非常自信，极具总统范儿。假如一个人总是低着头走路，等待着别人来招呼自己，那么他很容易被身边的人忽视。

减压启示

充满恐惧压力的人无法主动走出自我的世界，也不愿意加入人群。他们只要在人多的地方就会觉得很不舒服，总害怕别人在注意自己、担心自己被批评。实际上，他们的一切行为都源于内心的恐惧，一旦内心的恐惧消失了，他们就会慢慢变得自信起来。

羞怯——害羞带来的压力

羞怯心理，这是一种正常的情绪反应。这种心理出现时，人体肾上腺素分泌会增加，血液循环加速，这种反应往往会导致大脑中枢神经活动暂时紊乱，最后导致记忆发生故障、思维混乱，因此，人们在羞怯时经常在人际交往中出现语无伦次、举止失措的现象。内向者会过分考虑自己给别人留下的印象，总是担心别人看不起自己，不管做什么事情，总会有一种自卑感，总是质疑自己的能力，过分夸大自己的缺点和不足，使自己长时间处于消极的思想状态之中；同时，羞怯心理的阻碍，使得他们无法表达自己内心的真实情感。

克里斯多夫·迈洛拉汉是一位心理治疗专家，他曾经有一个病人是一个30岁的单身女子，非常害怕与人约会。后来，在迈洛拉汉的建议下，她写下了与约会有关的一系列事情，例如，安排出门，在约会时说什么，关于未来又谈些什么。在将事情整个儿思考一番之后，她发现自己最担忧的是一个她并不喜欢的男人会爱上她，她担心，一旦出现这样的场面，自己不知道该如何去拒绝。于是，迈洛拉汉给她出了个主意，告诉她，如果不想再见到约会的那个人，她该怎么样说，一旦她有了这样的准备，约会就变得轻松随意多了。

对此，迈洛拉汉总结说："记日记是一种简易而有效的方法，我们对自身的认识也许比我们自以为知道的更多，当我们用文字将我们的害怕和焦虑梳理一番时，自己也会为之惊讶。"

羞怯心理的产生，是源自神经活动过分敏感和随之形成的消极性自我防御机制。通常情况下，过于内向和抑郁气质的人，在大庭广众下不善于自我表露，自卑感较强和过分敏感的人也会因为太在意别人对自己的评价而显得畏首畏尾，表现得很不好意思，浑身不自在。

伯·卡登思提出这样一个词——“社交侦察”。假如你要参加一个晚会，最好事先弄清楚哪些人会参加，他们将说些什么，他们的兴趣是什么。假如你要参加一个商业会晤，就应尽可能了解对方的背景材料，这样，当你与人交谈时，就有了更大的主动权。比如，你可以先和一些与自己兴趣相同的人打交道，让他们帮助你树立信心。

一位心理治疗专家曾帮助一名害怕与陌生人打交道的妇女战胜羞怯。他先是了解到这名妇女喜欢编织，于是，在这位心理治疗专家的建议下，这位妇女报名参加一个编织学习班，在那里，她可以兴致勃勃地与那些新认识的人一起讨论感兴趣的编织问题。渐渐地，她的这种班内谈话使得她交了不少朋友，并将自己的社交圈子拓展到班级之外。最后，她终于可以与人轻松相处了，即便在公众场合也很少羞怯了。

许多羞怯的人想摆脱羞怯，结果却是越想摆脱反而表现得越明显，慢慢形成一种恶性循环。所以，我们首先应该接纳羞怯心理，带着羞怯心理去做事，认识到羞怯只是生活的一部分、许多人都有可能有这种体验，这样反而能让自己放松下来，逐渐克服羞怯心理。

一个常常害羞的人说：“我从小就怕见到陌生人，在陌生人面前不知所措，从来不主动回答老师的提问，怕在众人面前说话。我今年已经30岁了，在异性面前就会感到很紧张、很不自然，因此影响了我交女朋友，也影响了我与周围人的交往。请问，我这是属于一种什么心理障碍？”其实，这就是一种羞怯心理。

那么，如何才能克制自己的羞怯心理呢？

1. 增强自信心

在平时的生活中，我们应该想到自己的优点和长处，千万不要为自己的缺点而紧张，而要相信“天生我材必有用”。假如你只是看到自己的缺点，只会更加自卑、羞怯。假如你抬头挺胸，那你的智慧和能力就会得到最大限度的发挥，有了自信心，自然能克服羞怯的心理。

2. 不要怕被别人说

分析那些人害怕在公众场合讲话、羞于与人交往的心理成因，我们很容易发现，他们最怕得到来自别人的否定评价。于是，越怕越羞怯，越羞怯越害怕，最终形成恶性循环。实际上，在社交活动中，被人评论属于正常现象，没有必要过分计较。有时候，否定的评价甚至会成为激励自己不断前进的动力。比如，美国前总统林肯在年轻时曾被人轰下台，不过他并没有气馁，反而更加努力，最后成为一名演说家。

3. 进行自我暗示

每当到了公众场合，自己感觉很紧张的时候，就对自己说：“没什么可怕的，都是同样的人，不要怕。”通过自我暗示镇静情绪，羞怯心理往往会减少大半。俗话说得好，万事开头难，只要我们第一句话说得自然，那随之而来的就顺理成章了。

4. 说出自己的忧虑

对于羞怯者，心理学家建议其可以去找一个可靠的人，如家人、朋友和医生，这些人可以善意地对待你的羞怯而不会嘲笑你。你不妨向他们倾诉自己心中的忧虑，一方面可以让他们为你出谋划策，另一方面还可以帮助自己摆脱心理包袱。

5. 设想最糟糕的情形

我们应该设想一下最糟糕的情形，比如，你害怕发表一个讲演，对此，你不妨设想一下这些问题：我对这次演讲最担心的是什么？演讲失败，被大家笑话。假如真的失败了，最糟糕的局面会是怎么样？要么我跟他们一起笑，要么我以后再也不演讲了。这样一设想，最糟糕的结果也不过如此，这并不是一场不可以接受的灾难，既然如此，还有什么值得羞怯的呢？对于羞怯者而言，普遍的担心就是因紧张而出现的一些身体外部表现被人笑话，如出汗、声音颤抖、脸红等，不过，这些担忧纯粹是多余的，因为这些表现很少会被人注意到。

减压启示

在社交场合，常常会有这样的现象：有的人轻松自然，谈吐自如；有的人却手足无措，不知道怎么办才好，言谈举止显得十分慌张。第一次上讲台的新教师或第一次当众演讲的人也有这样的体验：事先想好的话，一到台上就乱套了。其实，这些都是源于羞怯心理。因此，你所需要做的就是克制自己的羞怯心理，坦然与人交往。

孤独——内心寂寞，无处倾诉

你觉得什么最可怕？孤独。孤独有时候能让人窒息，内向者孤独的时候，常常是最无助的时候。那种感觉就好像这个世界就剩下了自己一个人，自己被所有人抛弃了，内心的空虚感、寂寞感一起袭来，有时候甚至丧失了生活的勇气。所以孤独被内向者看作最可怕的敌人，他们害怕自己会孤立无援，害怕只有自己一个人，因此心灵也变得十分脆弱。其实，对内向者来说，孤独并不可怕，可怕的是你面对孤独时放弃了生活的希望。你要学会战胜孤独，当孤独的痛苦笼罩你时，你应该面对它、看着它，不要产生任何想要逃的想法。因为，如果你选择了逃跑，你就永远不可能了解它，而它则会悄悄地躲在一边，等着下一次袭击你。

其实，孤独是一种常见的心理状态。孤独感是人们在思想上、行为上的体现。人们常常说的孤独其实包含了两种情况。一种是由于客观条件的制约所引起的孤独，有些人由于种种原因不得不长期远离人群，而以一个人或者是一群人独立生活。比如，远离城市到边疆哨所为人们站岗的士兵们；长期坚持在高山气象观测站工作的科技工作者；长期为了工作而四处航行的海员。这样的孤独是一种有形的孤独，这些孤独者没有亲人朋友在身边。而大多内向者的孤独是第二种，它是“无形”的孤独。

一位孤独的年轻人躺在沙滩上，他满脸胡须，面容倦怠，穿着破旧的衣服，不时有气无力地打着哈欠。另外一个人从海边经过，有些奇怪地问道：“年轻人，阳光无限好，又是如此好的季节，为什么你不去做事情呢？你在这里晒太阳，岂不是浪费了大好光阴？”

年轻人叹了口气：“唉！在这个世界上，除了这一身皮囊，我一无所有。我还需要花时间去做什么呢？只需要每天晒晒太阳，这就是我所有的事情了。”

“难道你没有家吗？”

“我要家干什么呢？与其承担家庭的重担，不如没有。”

“你没有爱人？”

“没有。”

“你没有朋友？”

“没有，朋友还是会离别，不如没有朋友。”

“你从来没想过去挣钱吗？”

“从来没想过，金钱是罪恶，最后我还是一个人，何必浪费我的时间呢？”

“哦，那我觉得你可以到海中心去。”

“为什么？我又不会游泳，难道你是想我去死吗？”

“对啊，人有生有死，与其这样活着，还不如死去。你这样活着，本身就是多余的。跳海而死，也是符合你的逻辑的。”

顿时，孤独的年轻人哑口无言。

很多有孤独感的人，并不是自己愿意孤身独守。他们有的是在人生的路途中遭遇了坎坷，陷入无边的孤独和痛苦中，不可自拔；有的是得不到别人的理解，也不愿意去理解别人，于是选择洁身自好；有的是看不起自己、不相信自己，有一种深深的自卑感。于是，他们在面对孤独的时候，甚至没有抗争就束手就擒。所以，他们陷入了没有边际的痛苦中，与孤独为伴。

而有的人是因为内心世界的封闭使他们无法通过感情交流来建立真正的友谊，友谊的缺乏使他们陷入一种强烈的孤独感。有的人这样来描述自己的感受：“在这个世界上，我感到孤独、嫉妒、愤怒、紧张。”无论是因为人生境遇，还是因为自己的感情失意，孤独在已经无形中成为他们通往正规工作和生活的阻碍。孤独的人要学会在生活中拿出自己的勇气，敢于与孤独抵抗，战胜孤独。

那么，怎么才能有效地战胜孤独呢？

1. 战胜自己的自卑心理

有的人受到了大的磨难后就会觉得自己跟别人不一样，而自己又没有勇气跟别人接触，这其实是自卑心理造成的孤独状态。这时候，要突破自己内心的屏障，相信自己，钻出自织的“茧”，你会发现，其实跟别人交往是一件很容易的事情。

2. 转移自己的注意力

如果觉得自己内心孤独，你可以适当地转移注意力，有计划地生活，把自己的注意力转移到工作、生活上来。在工作中，除了努力工作，还要适时与同事交流；在生活中，走出心里的阴影，开始结交新的朋友，建立新的生活，重新树立起生活的信心。这样，你就会发现，能够与大多数人生活在阳光下是一件很惬意的事情。

3. 为别人做点什么

孤独者都有这样的情况，当你与很多人在一起的时候，你会感到特别孤独，比自己独处时更孤独。与他人的格格不入，让你陷入孤独的境地。因此，你应该为别人做点什么，帮助别人，获取别人的好感，为自己争取一份友谊。

4. 享受自然，走入社会

一个孤独的人，总是关在自己的小屋里。这样，精神长时期受压抑，会使自己的性情越来越孤僻。因此，试着走出家门，出去呼吸一下大自然的空气，感受一下在街道上拥挤的感觉，这时候，你已经忘记了你的寂寞。你的心情会渐渐开朗，你也将逐渐从孤独的城堡中脱离出来。

减压启示

人们的孤独更多地来自于内心深处的寂寞，或是感情发生变故，或是生存境遇突然变化，使得人们内心无法承受。孤独者因为受内心的折磨，精神也受到长时间的压抑，不仅会导致自己的心理失去平衡，还会影响自己的智力和才能的发挥，并且失去事业的进取心和生活的信心。所以，孤独是非常可怕的。面对孤独，要学会战胜孤独，这样才能在自己的事业上取得成就，才能扬起生活的风帆。

悲观——消极的情绪无处遁形

马克·吐温说："世界上最奇怪的事情是，小小的烦恼，只要一开头，就会渐渐地变成比原来厉害无数倍的烦恼。"那些有着悲观心境的人，恰似心中长了一颗毒瘤，哪怕是生活中一点小小的烦恼，对他们来说也是一种痛苦的煎熬。每天，不愉快一点点增加，毒瘤在消极情绪的养分下不停地生长，直到有一天，毒瘤化脓，开始散发出阵阵恶臭，而他们已经被悲观所吞噬了。悲观，它是一种比较普遍的情绪，面对生活中诸多的不如意，每个人都有可能悲观一下，然而，许多人尚未意识到悲观的危害性。

有的人甚至认为，悲观也没有什么大不了的，又不是抑郁症。可是，据心理学家观察，长时间的悲观心境，会让一个人感到失望，丧失其心智，长期生活在阴影里。所以，要远离悲观的心境，调整自己的情绪，走出悲观的阴霾，做一个乐观积极的人。

有两位年轻人到同一家公司求职，经理把第一位求职者叫到办公室，问道："你觉得你原来的公司怎么样？"求职者脸色满是阴郁，漫不经心地回答说："唉，那里糟透了，同事们尔虞我诈，钩心斗角，我们部门的经理十分蛮横，总是欺压我们，整个公司都显得死气沉沉，生活在那里，我感到十分压抑，所以，我想换个理想的地方。"经理微笑着说："我们这里恐怕不是你理想的乐土。"于是，那位满面愁容的年轻人走了出去。

第二个求职者被问了同样一个问题，他笑着回答："我们那里挺好的，同事们待人很热情，互相帮助，经理也平易近人，关心我们，整个公司气氛十分融洽，我在那里生活得十分愉快。如果不是想发挥我的特长，我还真不想离开那里。"经理笑吟吟地说："恭喜你，你被录取了。"

前者是悲观者，他生活的天空始终笼罩着乌云，因此，他看什么人和事都是阴郁的，一份多么美好的生活摆在他面前，他也会认为“糟糕透了”；后者是典型的乐观者，阳光始终照耀着他的生活，即使是再糟糕的生活，在他看来，也是十分美好的。悲观者看不到未来和希望，所以，他经历了求职的失败，或许，在人生的道路上，还有更多的失败在等着他，除非他能够换一种心境。

有两个人，一个叫乐观；另一个叫悲观，两人一起洗手。刚开始的时候，端来了一盆清水，两个人都洗了手，但洗过之后水还是干净的，悲观说：“水还是这么干净，怎么手上的脏物都洗不掉啊？”乐观却说：“水还是这么干净，原来我手一点都不脏啊！”几天过去了，两个人又一起洗手，洗完了发现盘里的清水变脏了，悲观说：“水变得这么脏啊，我的手怎么这么脏？”乐观却说：“水变得这么脏啊，瞧，我把手上的脏东西全部洗掉了！”面对同样的结果，不同的心态会有不同的感受。

拥有悲观心境的人，他们只是一味地抱怨，他们所看到的总是事情的阴暗面，哪怕是到了春天，他们所能看到的依然是折断了的残枝，或者是墙角的垃圾；拥有乐观心境的人，他们懂得感恩，在他们的眼里到处都是春天。悲观的心境，只会让自己死气沉沉；乐观的心态，会让自己感受到阳光般的快乐。

可能，谁也没有想到过，美国最著名的总统之一——林肯竟然曾是抑郁症患者。林肯在患抑郁症期间，曾说了这样一段感人肺腑的话："现在我成了世界上最可怜的人，如果我个人的感觉能平均分配到世界上的每个家庭中，那么，这个世界将不会再有一张笑脸。我不知道自己能否好起来，现在这样真是很无奈。对我来说，或者死去，或者好起来，别无他路。"幸运的是，林肯战胜了抑郁症，后来还成功地当选了美国的总统。

1. 确立正确的人生观

如果你希望消除内心的悲观情绪，那首先要建立正确的人生观、价值观，树立远大的理想。在追逐理想的过程中，做一些对社会有利的事情，因为你在帮助别人的同时自己也会感到快乐。

2. 树立人生目标

美国精神教父爱默生说："一心向着自己的目标前进的人，整个世界都会为你让路。"如果漫无目的，那每天很容易沉浸在悲观情绪里。所以，给自己定一个目标，且想尽一切办法去接近并完成，这样就可以给自己的人生指明一个方向。

3. 转移注意力

当自己因遇到挫折感到悲伤、烦恼，整个人的情绪处于低谷的时候，可以暂且不管眼前的事情，将注意力转移到自己感兴趣的活动和事情上面，或者回忆自己得意、幸福、快乐的事情，以此来冲淡或忘却烦恼，并在这个过程中将悲观情绪转化为积极情绪。

减压启示

事实上，悲观给我们生活所造成的影响是巨大的，一个有着悲观心境的人，无论是生活还是工作，他都没有办法获得成功。甚至，那一种悲观的心境会有意或无意地成为其成功路上的绊脚石。对于每一个人来说，悲观的心境就像是漂浮在天空中的乌云，它遮住了生活的阳光，长时间下去，我们自己也会变得死气沉沉。所以，远离悲观，让阳光照进生活中。

虚荣——越是比较，越是痛苦

虚荣是一条毒蛇，它专门啃噬人的心，我们常常会说“羡慕”，却很少提及虚荣，似乎想以此掩藏内心的秘密。其实，虚荣和羡慕本是同根生，在某方面别人有你所没有，别人能你所不能，羡慕和虚荣就产生了。有人说，羡慕是虚荣的华丽转身，虚荣中多了一丝向往，嫉妒中多了一丝怨恨。在日常生活中，我们常常会听到虚荣的心声：“你看，隔壁的王先生多潇洒，楼下的阿松自己买了小车，对面的小张刚刚炫耀说又订了一套别墅。看看我们自己，还住在筒子楼，要钱没钱，要车没车，工作也不好……”俗话说：“人比人，气死人。”虽然人与人之间的比较是一种常见的心理活动，但是，如果我们时刻用消极的心态去攀比，贪恋虚荣，那么，我们不仅会在比较中迷失自己，心中也会燃起嫉妒的熊熊大火，早晚有一天会因虚荣而压抑自我。

在东南亚一带，流传着这样一个故事：

有一个人遇到了上帝，上帝对他说：“从现在起，我可以满足你任何一个愿望，但前提是你的邻居会同时得到双份的回报。”那人高兴不已，但是，他仔细一想：如果我要得到一份田产，邻居就会得到两份田产；如果我要得到一箱金子，邻居就会得到两箱金子；更要命的是，如果我得到一个绝色美女，那个看来一辈子打光棍的家伙就会同时得到两个绝色美女了。他想来想去，不知道提出什么要求才好，他实在不甘心让邻居占了便宜。最后，他一咬牙：“哎！你挖掉我一只眼睛吧！”

由于狭隘、自私而产生的虚荣是消极的，在比较心理下，虚荣心会成为我们前进的绊脚石，使我们陷入痛苦的深渊而无法自拔。其实，人生就是一道加减法，有得必有失，幸福和快乐是不可比较的，因为它没有止境，也没有具体的标准。如果你总是纠结于比较，那么，你永远都是吃亏的那一个，因为你在比较时常常会忽略自己的幸福。我们应该懂得这样一个道理：比上不足，比下有余。

早上，王雯穿着新买的裙子上班，心里别提多美了，心想：这身打扮应该会把办公室那群人给比下去，不知道多少人会称赞自己有品位呢！她一边想着，一边乐，忍不住对着公司大门的镜子整理头发。来到办公室，王雯还没有来得及炫耀自己的新裙子，就看到一大群女人围着李倩，大家嘴里发出阵阵赞叹声。王雯心中顿感不快，挤着围过去一看，原来，李倩今天也穿了新裙子，不过，无论是款式还是质量，都在自己所穿的裙子之上。王雯看了一眼，满脸不屑，气冲冲地走了，身后传来同事的议论："她总是这副样子，爱比较，比了又生气，真是，搞不懂这个人。""可不是嘛，要我说啊，就是嫉妒心在作怪，每次都这样子，都已经习惯了。"

听着同事的议论声，王雯怒火腾地上升了，她回过头，大声责问道："你们说谁呢？"同事纷纷走开了，只留下脸红脖子粗的王雯。生气的王雯进了卫生间，对着镜子重新审视自己的裙子，越看越生气，一气之下，王雯拉着裙子的下摆猛地一扯，本来只是发泄心中的怨恨，没想到，新买的裙子居然被扯出了一条长长的口子。看着镜子中的自己，王雯气得哭了起来。

一些私心较重、心理欲望较多的人，时常会因为攀比把自己气得够呛，到最后，他们也不知道事情到底错在哪里。

心胸狭窄的人，总喜欢以己之长比人之短，喜欢计较个人名利得失，越比较越是痛苦，感觉自己真的“吃了亏”或“运气不好”，甚至开始抱怨自己是“生不逢时”。看到自己的朋友当了官、发了财，他们的心理就很不平衡，总想着之前他还不如自己，却不去思考对方取得成功的原因。

1. 调整需要

对此，有人一语道破玄机：“人活着就不能把金钱、荣誉、地位看得太重，其实，拥有10万元和拥有100万元的人没什么两样，都是一日三餐，无非他们吃海鲜、我们吃虾皮；他们开奥迪、我们开奥托。前面有坐轿、骑马的，后面有推车的，我们就是那中间骑驴的，比上不足，比下有余，所以，知足常乐吧，哪来这么多虚荣心！”

2. 摆脱从众行为

从众行为有积极的一面，也有消极的一面。如果任由社会上的一些不好风气泛滥，就会造成一些压力，乃至让那些爱慕虚荣、意志薄弱者随波逐流。许多爱慕虚荣者不顾自己的客观实际情况，盲目追求，打肿脸充胖子，弄得劳民伤财，负债累累。所以，我们要保持清醒的思维，面对现实，实事求是，处理问题时从自己的实际情况出发，摆脱从众心理的负面效应。

3. 摆正价值观

在生活中，人们常常为钱而奔波，没有一个人会觉得自己赚的钱多，他们内心那种攀比心理、虚荣心理，逐渐将自己逼进一个无底的深渊。许多人有一份稳定的工作，拿着固定收入，却总爱与那些做生意发财的人相比，这样一比较，除了一丝羡慕全是嫉妒，心想：凭什么他们能赚那么多钱？他们常常因此抱怨生活，总是看这里不顺眼、看那里不顺眼，甚至以这样一种嫉妒、怨恨的心态推己及人，给身边的人带来极大的危害。

减压启示

虚荣心，从心理学角度来说是一种追求虚荣的性格缺陷。虚荣心是人类一种普遍的心理状态，每个人都有自尊心，都希望得到社会的承认，这是一种正常的心理需要，但虚荣心强的人不是通过实实在在的努力，而是利用撒谎、投机等不正常手段去获得名誉。虚荣的人不敢袒露心扉，因此给自己带来了严重的心理压力，虚荣在现实中只能满足一时，长时间的虚荣会导致消极情绪的滋生。

第 05 章

透视性格：有什么样的性格，就有什么样的忧虑

不同性格特征的人对压力的感受是有所区别的，一些追求完美、争强好胜、缺乏耐心、喜欢猜忌、时间紧迫感强、每天忙忙碌碌的人，在面对压力时，其性格中不利的因素就会显现出来。所以，要直面自己的性格，因为有些压力纯粹是自己性格导致的。

完美型——缺憾才令人生更完整

追求完美，是完美型人的追求，在生活中，他们总是在追逐繁复的完美，在追逐的过程中，无数的烦恼困扰着他们，他们愤怒、生气，越是较真，越是觉得心累。或许，在任何人的心中，完美都是一座宝塔，我们可以在内心里向往它、塑造它、赞美它，但是，我们不能把它当作一种现实存在，这样只会让我们陷入无法自拔的矛盾之中。在某些时候，我们应该放下苛刻，别被不真实的完美压垮。

有个学生在课堂上向沙哈尔提问道："请问老师，您是否知道您自己呢？"沙哈尔心想：是呀，我是否知道我自己呢？他回答说："嗯，我回去后一定要好好观察、思考、了解自己的个性、自己的心灵。"

本·沙哈尔教授回到家里就拿来了一面镜子，仔细观察着自己的外貌、表情，然后来分析自己。首先，沙哈尔看到了自己闪亮的秃顶，想："嗯，不错，莎士比亚就有个闪亮的秃顶。"随后，他看到了自己的鹰钩鼻，心想："嗯，大侦探福尔摩斯就有一个漂亮的鹰钩鼻，他可是世界级的聪明大师。”看到了自己的大长脸，他想：“嗨！伟大的美国总统林肯就是一张大长脸。”看到了自己的小矮个子，他想：“哈哈！拿破仑个子就很矮小，我也是同样矮小。”看到了自己的一双大撇撇脚，他心想：“呀，卓别林就是一双大撇撇脚！”

于是，第二天他这样告诉学生：“古今国内外名人、伟人、聪明人的特点集于我一身，我是一个不同于一般的人，我将前途无量。”

或许，在别人看来，本·沙哈尔的长相既不出众，更算不上完美，但是，他很会欣赏自己。怀着这一份知足常乐的心态，他将自己身体的每个部分都与名人、伟人、智者扯上了关系，因此，即使自己的五官不是完美的，自己也一定是一个前途无量的人。本·沙哈尔不自我苛责，因此他收获了一份最简单的快乐。

一个失意的人找到了智者，向智者诉说自己的遭遇和无奈。他哀叹道：“为什么在我的生命里总是找不到绝对的完美呢？”智者沉思了许久，问道：“可能是你自己对这个世界苛责太多，所以，烦恼才会找到你。”说完，智者舀起了一瓢水，问失意者：“这水是什么形状？”失意者摇摇头：“水哪有什么形状？”智者不语，只是将水倒入了杯中，失意者恍然大悟：“我知道了，水的形状像杯子。”智者没有说话，又把杯子里的水倒入了旁边的花瓶，失意者悟然："我知道了，水的形状像花瓶。"智者摇摇头，轻轻拿起了花瓶，把水倒入了盛满沙土的盆里，水一下子溶进了沙土，不见了。智者低头抓起了一把沙土，叹道："看，水就这么消逝了，这也是人的一生。"失意者陷入了沉思，许久才说道："我知道了，你是通过水来告诉我，社会处处就像是一个个不规则的容器，人应该像水一样，盛进什么样的容器就成为什么形状的人。"

智者微笑着说："是这样，也不是这样，许多人都忘记了一个词语，那就是滴水穿石。"失意者大悟："我明白了，人可能被装于规则的容器，但也能像这小小的水滴，滴穿坚硬的石头。我们要像水一样，能屈能伸，不能要求多么规则的容器，而是需要做到既能尽力适应环境，又能保持本色，活出自我。"智者点点头，说道："当你不再追逐完美，放下了心中的苛求，你会发现，任何事物都是完美的，你自然也会获得久违的快乐。"

生活的快乐在于简单，生命的美丽在于真实，纵然有诸多缺憾，它也有着无法复制、无与伦比的美丽。不必较真，不必苛求，没有必要去追求一些不真实的完美，因为美丽的事物总会伴随着一些缺憾。

1. 放下苛责的心态

追逐完美，本身就是一种苛责的生活态度。为了达到心中的完美，人们苛责自己、苛责他人、苛责一切的人和事。在现实生活中，所谓的“完美”终究伴随着缺憾，即使自己努力不懈，那些人和事依然达不到绝对的完美。在这个世界上，本来就没有绝对完美的事物，如果我们一味地将追求完美的茧一层一层地套在身上，那么，最终，我们会死在这重重的包裹之中。

2. 以平常心看待缺憾

每个人的一生中总会经历不同的坎坷或挫折，没有一个人可以保证他是完美无缺的。上帝对于每个人来说都是公平的，他给予了你一样东西，肯定会拿走另一样东西，关键是你如何去看待生命里的缺憾。

减压启示

人不能在自我怜悯中空虚地度日，最重要的是，我们不应该事事较真，而应学会珍惜眼前的幸福。智者说：“追求完美是人类正常的渴求，同时，却也是人类最大的悲哀。”对于我们而言，应该放下内心的苛刻，放弃追逐完美的诉求，拥抱简单的快乐。

怀疑型——尝试着信任，才能收获安全感

猜忌是人性的弱点之一，从古至今，它一直是害人害己的祸根，是卑鄙灵魂的伙伴。一个人假如掉进猜忌的陷阱，那必定会处处较真，神经过敏，对他人失去信任，对自己心生疑窦。猜忌的人总是痛苦的，因为他不断在与自己较真，在这个过程中，他痛苦，甚至疯狂，那种纠结于内心的痛苦是旁人无法体会的。那些习惯猜忌、猜疑心很重的人，整天疑心重重、无中生有，认为每个人都不可信、不可交往。由于现代社会的多元化，不知道在什么时候，信任已经变成了奢侈品，我们经常会看到一些因信任他人而上当受骗的例子，因此就连我们自己也不再愿意轻易地相信某个人了。不过，我们始终不能忘记，信任是我们生活中最不可少的一件事情，如果缺少了信任，我们的生活就会失去阳光，世间也会少了许多温暖。

在《三国演义》中，曹操是一个喜欢猜忌别人的人，因为猜忌心，他做了不少冤枉别人的事情。

当曹操刺杀董卓失败后，与陈宫一起逃至吕伯奢家里。由于曹吕两家是世交，吕伯奢见到曹操来了，就想杀一头猪款待他。但曹操一听到庄后有磨刀的声音，便怀疑人家要加害自己，一声“缚而杀之”，更让他深信不疑。于是，曹操不分青红皂白，不问男女，杀了吕伯奢一家大小。一直杀到厨房，

发现被捆着等待挨刀的大肥猪，他才知道自己错杀了好人。

尽管如此，曹操还是赶紧与陈宫急忙逃出庄外，正好路遇沽酒回来的吕伯奢，这时的曹操没有半点的愧疚之意，为了达到防止被追杀的目的，他竟然对自己父亲的结义金兰举起了带血的屠刀。

此外，曹操还有一大心病，他唯恐别人会趁自己睡觉时加害自己，于是，常常吩咐左右："我梦中喜欢杀人，我睡着的时候大家不要靠近。"有一天，曹操在帐中睡觉，被子掉在了地上，一个侍卫过来帮曹操把被子盖好。曹操跳起来，拔剑杀了侍卫，又上床继续睡觉。醒来之后，曹操故意惊问道："是谁杀了侍卫？"左右据实报告，曹操痛哭，命令大家厚葬侍卫。其实，曹操知道，自己是在有意识的状态下拔刀杀人的，但又唯恐失天下人之心，于是托词"梦中杀人"，可谓是欲盖弥彰。

曹操的疑心病伴随了他一生，在这个过程中，他自己也是痛苦不堪。他每天不断地猜忌，猜忌有谁对自己不忠不敬，猜忌谁对自己有所企图，终日为猜忌所累，这是疑心病给他带来的最大痛苦。

一艘货轮在大西洋上行驶，突然，一个黑人小孩儿不慎掉进了波涛滚滚的大西洋。孩子大喊救命，无奈风大浪急，船上的人谁也听不见，他眼睁睁地看着货轮拖着浪花越走越远。求生的本能使得孩子在冰冷的海水里拼命挣扎，他用尽全身的力气挥动着瘦小的双臂，努力让自己的头伸出水面，睁大眼睛盯着轮船远去的方向。

船越走越远，船身越来越小，到最后，什么都看不见了，只剩下一望无际的大西洋。孩子的力气快用完了，实在游不动了，他觉得自己要沉下去了。放弃吧，他对自己说。这时，他想起了老船长那慈祥的脸和友善的眼神，“不，船长知道我掉进海里之后，肯定会来救我的”，想到这里，孩子鼓足勇气用生命的最后力量向前游去。

船长终于发现那个黑人孩子失踪了，当他断定那个孩子是掉进海里以后，下令返航回去找。这时有人劝道：“这么长时间了，就是没有被淹死，也让鲨鱼吃了。”船长犹豫了一下，还是决定回去找。终于，在那孩子就要沉下去的最后一刻，船长赶到了，救起了孩子。

当孩子苏醒了之后，跪在地上感谢船长的救命之恩时，船长扶起孩子问道：“孩子，你怎么能坚持这样长的时间呢？”孩子回答说：“我知道您会来救我的，一定会的！”船长好奇：“你怎么知道我一定会来救你的？”孩子睁着天真无邪的眼睛，回答道：“因为我信任您，我知道您是那样的人。”听到这里，船长“扑通”一声跪在黑人孩子面前，泪流满面：“孩子，不是我救了你，而是你救了我啊！我为我在那一刻的犹豫而羞耻。”

对每一个人而言，可以完全被一个人信任是一种幸福，可以毫无保留地信任一个人也是一种幸福。当然，大胆地相信他人不是一件容易的事情，要信任一个人，有时需要许多年的时间，有些人甚至终其一生也没有真正地信任过任何人。

1. 不要因为自己的猜忌而失去对别人的信任

有时候，我们难以去信任别人，问题不在于别人，而在于我们自己。因为我们总是猜忌，总是猜疑别人对自己是不是有不好的企图、是不是为了加害自己，这样的想法日积月累，我们就难以对他人给予信任。有时候，对方明明是值得我们信任的人，但是，因为猜忌，我们舍弃了这种信任。

2. 多一些信任

信任有时候仿佛是易碎的玻璃花，哪怕只是一句玩笑，都会对信任产生影响。当然，有的信任是经过多年的接触才能建立起来的，同时，这样的信任也是经得起考验的。所以，当我们心中有了一点猜忌的时候，为什么不能对他人多一些信任呢？

减压启示

孩子回答说：“我知道您会来救我的，一定会的！”船长好奇：“你怎么知道我一定会来救你的？”孩子睁着天真无邪的眼睛，回答道：“因为我信任你，我知道你是那样的人。”给予对方信任，实际上是还自己一个心安。试着将信任给别人，也就放下了猜忌的压力。

较真型——凡事别过分执着

在很多时候，过分执着并不是一种好品质。它就像是一个魔咒，一点点地禁锢着我们的身心，让我们误以为不朝着之前的方向继续下去就对不起良心。执着本身是一种可贵的品质，但凡事都有一定的限度，“执着”也一样。适当的执着会体现出我们个人的魅力，同时也可以让问题变得更简单一点；但若过分执着，则会不自觉地将自己的身心束缚，让我们总是放不下，固执地朝着一个方向前进，不管前面是康庄大道还是死胡同，如果我们最终闯入的是死胡同，那么这种执着的后果也是可悲的。虽然，对生活执着是一种坚定的信念；对工作执着，是一种精神寄托；对爱情执着，是一种人生的美丽——但若是应该放弃时不放手，就会使自己不堪负重、活得很累，甚至有可能走向另外一种悲惨的结局。

生活中，有的人活得像小河里的溪水，虽然平静无波，却有顽强的生命力和战斗力，它能够经受暴风骤雨的侵害，也可以坦然面对夏日骄阳的炙烤，它从来不在乎世界会有多少变化。人活着也一样，要有信念，但不能过分执着，不能与生命较真，要学会顺其自然，对生命中的意外和阻挠不必过于强求。也许，只有这样，方能阻止自己生命的脚步过快地到达终点。

有些事情既然已经发生了、毫无回旋的余地了，我们就要学会接受，而不能太过于执着，过分执着只会让自己更加疲惫，不如放松身心，给自己一个舒适的心灵环境。

1. 适时修正自己的信念

人生需要有信念，这样我们的生命才有前进的方向。但是，信念只有与我们合拍的时候，才能更好地发挥出引航员的作用。对此，在人生的路途中，我们要适时修正自己的信念，让它与自己合拍，对于某些不切实际的想法，我们不应太较真、太执着，而要学会放弃，适时找到适合自己的人生信念，这样我们的生命才会更加绚丽灿烂。

2. 与其走向死胡同，还不如拐弯走向另外一条大道

如果我们希望与别人合作，且已经明确地表达清楚意图，而对方却毫无回应，那么，在这样的情况下，与其继续留下来攻坚，把时间花在啃掉这块硬骨头上，不如转身离去，把精力用来寻找新的目标。每个人做事都有自己的理由，放弃攻坚是对别人的尊重，是一种明智的选择。大量事实表明，第一次不能成功的事情，以后成功的概率也是很小的，纠缠下去只会惹人厌烦，这样并没有太大的意思，与其把80%的精力耗在20%的希望上，不如以20%的精力去寻找新的目标，说不定还有80%的希望。

减压启示

人的一生就好像花开花落，周而复始，没有什么花是永远不凋谢的。对待上天的安排，我们应该顺其自然，千万不能太过于执着。太较真是一种疼痛、一种心魔，它不断侵蚀我们内心简单的快乐，最后，我们只会满身疲惫地倒下。

自我型——自怜何来轻松快乐

自怜是让人上瘾的麻醉剂。在现实生活中，大多数人都喜欢自怜，尤其喜欢抱怨，而抱怨的对象从不包括自己，要么是怨天，要么就是怨他人。当“我是该有多么可怜啊”这个意识弥漫于全身，并以抱怨宣泄出内心的烦闷后，很多人都会有奇妙的感觉。有时候，我们总是患得患失，所以常常会滋生自怜的心态，从心理学上讲，这是一种病态心理，且就像是能够让人上瘾的麻醉剂。在日常生活中遭遇挫折与困难时，人越是痛苦，就越是自怜。在某种程度上说，自怜是一种自我保护，但是，过度的自怜会令我们迷失自我，在极力想包裹自己的同时，我们也会被苦难所吞噬。

女儿总是向父亲抱怨自己的生活，抱怨每件事都是那么艰难，自己快活不下去了。父亲没有言语，只是把女儿带进了厨房，他先烧开三锅水，然后往一口锅里放胡萝卜，在第二口锅里放鸡蛋，在最后一口锅里放咖啡豆。然后，父亲将食物用开水煮，大约20分钟之后，父亲把火关了，分别将胡萝卜、鸡蛋、咖啡豆舀出来。这时，他才转过身问女儿："孩子，你看见什么了？"女儿回答："胡萝卜、鸡蛋、咖啡。"父亲让女儿打破了鸡蛋，将蛋壳剥掉，最后，让女儿喝了咖啡，女儿笑了，她小声问道："父亲，这意味着什么？"父亲解释说："这三样东西面临同样的逆境——煮沸的开水，但它们的反应各不相同。胡萝卜入锅之前是强壮的，毫不示弱，但进入开水之后，它变软了、变弱了；鸡蛋原来是易碎的，但是经开水一煮，它的内脏变硬了；而咖啡豆进入沸水之后，煮出了咖啡。"父亲停顿了一下，问女儿："哪个是你呢？当逆境找上门来时，你该如何反应？你是胡萝卜、是鸡蛋，还是咖啡豆？"

在挫折面前，不同的人，他们的反应也是各不相同的。自怜的人总是害怕自己受到伤害，不敢直面挫折，他们就像那煮烂的胡萝卜一样，外表看似坚强，却因为太过自怜而最终走向了毁灭之路。自怜是我们战胜挫折或逆境过程中的绊脚石，它使我们的心理承受能力变得很差，还没有正面迎接挑战，就已经宣告了"我是个弱者"。三毛曾说："我是个自爱但不自怜的人。"大多数自怜的人，最后会作茧自缚。

在人生道路上，不可能总是一帆风顺，挫折与困难是在所难免的。可是，我们绝不能承认自己是个自怜者，更不能选择退缩，而应理智地面对它，冷静地找到战胜它的办法。自怜者面对突如其来的挫折会选择后退，或者是消极抵抗。只有那些勇敢挑战的人，才能够采取积极的态度来面对挫折，最后战胜挫折。

1. 从小事中获得成功经验

从小事做起，不断积累经验，体验成功的感觉。因为成功的累积会提升一个人的自信心，而自信心本质上就是一种自我良好的感觉。当自怜产生时，不应该沉浸在自怜的情绪中，而应给自己制订几个小目标，哪怕是看几页书、做一次家务劳动、散步半小时等，在做这些事情的过程中，自怜就会消失，而自己则会变得愉悦和充实。

2. 多运动

运动可以增强一个人的自我感觉，不管是跑步还是打球，都能令你感觉到自己在控制自己的身体，那种感觉会让你体验到“我存在”的感觉。在跑步之后，内心通常会产生正面情绪，人会感到更快乐。这也是一些抑郁的人可以通过运动减轻内心压力的原因，他们借由身体释放了抑郁的情绪，从而获得对生活的支配感。

3. 少玩手机和电脑

每个人都有这样的感觉，当专心地做一件事情时并不会感觉到累，无所事事地玩手机和电脑才会感到累。因为，若你每天都在玩手机和电脑，脑子里便总有一些复杂的念头，内心无法安宁，而且会产生悔恨和自责，感觉自己浪费了时间。如果你利用好玩手机和电脑的时间，做了自己想做的事情，体验到的自信心就会更多，而那种自我意志的胜利也会令自己更开心。

4. 通过静坐、冥想的方式让自己安静下来

当你感到内心烦躁不安，没办法安静下来的时候，那表示你的心已经被外在事物所占据，旁边人做的一个小动作也会让你无法安心做事情。这时候，不妨静坐半个小时，或冥想十分钟，以达到不受外物的影响，始终保持平和的心态，让自己的心完全安静下来。

5. 养成健康的作息时间

人们总喜欢熬夜，想改变却一直未改变，长此以往，自身的控制感会不断地削弱，内心的沮丧和自我谴责感则会不断加深。人们的梦想和计划受挫，只是两个小问题导致的：早上起不来床，晚上下不了线。如果一个人能养成健康的作息时间，就会增强自我控制感，还能实现久违的梦想。

6. 接纳生活中的失控和失序感

虽然控制生活的一切的感觉很好，不过我们必须承认自己根本不可能控制一切，因为我们无法掌控未来、无法掌控别人，甚至连自己都没办法掌控。失控和失序是生活中常见

的事情，如果你努力掌控一切，反而会给自己带来一种焦虑感，适度地放松自己，对身心健康是很有帮助的。

减压启示

有时候，大多数的病痛源于自怜，正所谓“病由心生”，自怜往往会成为病痛的催化剂，而愈发严重的病痛又会愈发加剧自怜，自怜的加剧再诱发更深层次的病痛，像是恶性循环一样，最后令人深陷其中而无法自拔。

全爱型——千万别做老好人

“老好人”是人们对一个人人格的赞许，因为他对别人总是有求必应，哪怕自己会因此感到痛苦，也不会拒绝。对此，美国心理学家莱斯·巴巴内尔认为，为人友善是应该的，不过在能力不足或自己繁忙时懂得拒绝也是应该的。不懂得拒绝的人并不值得赞美，因为其外表的友善掩盖了一系列的心理和精神问题。巴巴内尔在其著作《揭开友善的面具》中写道，这类人的病理状态名为“看管人性格紊乱”或“友善病”。他们之所以表现得很友善，有可能存在天生的人格问题，如自卑或孤僻，也可能是受到不好的家庭教育，如家教过严，从小就不敢顶嘴或辩解。

有一个典型案例：

王女士的亲友有问题就爱向她求助，一个侄女每天给她打电话，声泪俱下地控诉丈夫，而且一说就是数小时。王女士其他朋友也是遇到问题就找她帮忙，她从来都不知该如何拒绝别人。私下里，王女士说，她已经身心俱疲了。有一次，一位同事向她倾诉，她放下自己的事情安慰同事。“我当时真想让她闭嘴或滚开，但不知如何开口。”

有些人不懂拒绝，究其根本，其实是为了取悦别人，当然，这些人的心态存在逻辑的缺陷和错误。一旦拒绝了对方，无法取悦对方，他们就会产生沮丧、焦虑、自责和内疚等消极情感，以致自己在适得其反的紧张循环中难以自拔。这样的人要学会控制自己的思维，毕竟总想取悦对方是不靠谱的。思想会促使自己为取悦于人的习惯找理由，乃至让这些习惯根深蒂固，如养成付出的习惯、不懂拒绝的习惯，甚至，这样的思想会纵容自己继续逃避及产生可怕的情感。

2001年，布莱柯的《讨好的毛病：治疗讨好他人的综合征》一书问世，如同一颗重磅炸弹在美国社会中散开，不但一下子成为畅销书，而且在著名电视主持人奥普拉·温弗里的电视节目里成为讨论的专题。直到今天，这依然是一个大众心理学不可错过的好话题。

在书中，布莱柯认为，一心当好人并非没有问题，而是一种有害的心理疾病，它源自“好人”对自己个体价值的信心匮乏，渴望用对他人做好事来赢得外来的肯定与赞美，这样的渴望一旦成为心理定式，就会严重降低行为者的判断力和自控力，成为一种习惯和依赖。

你是不是老好人，这是可以测试的。

请根据自己真实情况，进行一次“体验”，请回答“是”或“否”。

A. 与其说出分歧之处，我试图强调我们的共同之处。

B. 在问题解决的过程中，我试图找到一个妥协性的解决方法。

C. 我尽可能努力缓和他人的情感从而维持我们的关系。

D. 我有时牺牲自己的意志，而成全他人的愿望。

E. 为避免不利的紧张状态，我会作一些必要的努力。

F. 我试图推迟对问题的处理，使自己有时间作一番周全的考虑。

G. 我试图不伤害对方的情感。

H. 感到意见分歧总是值得人们担心的。

I. 我放弃某些目标作为交换，以获得其他的目标。

J. 我避免站在可能产生矛盾的立场。

如果你的回答中“是”超过半数，你就是个十足的老好人。你总是模糊事情的真相，喜欢在灰色地带处理人事问题，因为喜欢扮演好人而不讲实话。

如同港剧中的台词，安慰别人时说“做人呢，最重要的是开心”，遇到别人在吵架时，来一句“都别吵了，先喝碗糖水”，你善于缓和气氛，更会没原则地和稀泥。你缺乏创造力，工作效率不高，生活中没有特别偏激的观点，也不喜欢处处与人交涉，处处一副温良恭俭的低调姿态。

在美国，有一个叫“好人综合征”的说法，所谓的好人，是那些对别人十分亲切友善、十分好说话、有求必应、想方设法帮助别人、从来不考虑自己，并以此为荣的人们。对这些所谓的“好人”而言，当好人不但是一种习惯或行为方式，而且更是一种与他人建立的特殊人际关系。老好人所做的都是对别人有利、讨别人喜欢的事情，所以他们都收到了别人颁发的“好人卡”。实际上，其他人接受好人的乐于助人，都是有意无意带着自私的目的，但好人自己乐在其中，甚至并不觉得这样做有什么问题。

1.“老好人”是一种行为偏差

“好人综合征”是一种行为偏差，而且往往是生活或工作的某些方面出现危机的征兆。老好人通常都是很普通的职员，他们工作十分努力，不过能力有限，于是，做好事成为他们博得别人另眼看待或赞扬的补偿方式。这样的人，其家庭或家庭关系可能有欠缺，如童年得不到父母或兄弟姐妹的关爱，这使得他们更在意关系疏远者对自己的好感，不惜付出自己的百倍努力，甚至有人对家人态度很恶劣、对外人却很好。

2. 缺少健康界限

当“好人”并非好人一个人的事，往往会弄得身边人也困扰，甚至给他们带来跟着受罪的感觉。而且，好人的亲疏不辨还会给家人带来伤害。对此，心理学家指出，一个人要保持健康的心理，有合乎情理的行为，必须保持一定的“健康界限”。也就是说，每一个个体都生活在某种身体、感情和思想的健康界限之内，这个界限帮助他判断和决定谁可以接纳，并接纳到什么程度，为谁可以付出什么，并付出到什么程度。

3. 有时候会带来坏情绪

有时候，老好人的思想意识会给人带来负面感情。比如，当朋友需要你帮助，或者要求你周末陪她逛街时，如果你做不到，就会感到内疚；假如领导需要你在工作时间做一些烦琐的事情，你若做不到，则可能感觉到的并非内疚，而是担心领导不高兴。

减压启示

在朋友、同事眼中，你是否是一位典型的老好人？为人和善，在与人发生冲突时，哪怕自己是对的，也从不自我辩解；有人请求帮忙，从来不懂得拒绝；为了交际，甚至有时会放弃原则去维持朋友圈的所谓和谐。事实上，好人情结也是一种心理偏差。

第 06 章

兴趣减压法：做自己喜欢的事放松身心

人应该有自己的兴趣和爱好，以此来丰富自己的生活、释放自己的身心，让自己有个健康的生活方式。如果一个人只知道上班、吃饭、睡觉，这样三点一线的生活一定是没有颜色的、苍白的。

不快乐的时候，减压日记可以让你开心

压力是当我们处在不确定的情境下或是预计有很多重要的事情到来之前的情绪反应。假如最近工作压力比较大，但又没有达到看心理医生的地步，那不妨写写减压日记，把烦恼写下来。摆脱压力的困扰，最有效的做法就是降低焦虑，而转移注意力是最重要的方法。有时候，我们感觉到了压力带来的困扰，却总是没办法找到压力的源头。对此，写日记不失为一个不错的方法，它可以帮助我们找到压力之源，确定压力是从何而来，从而使我们的生活有较大的改善。当我们把烦恼写在日记里之后，我们就会感觉内心的沉重负担已经卸下了、留在日记里了，顿时感觉身心轻松，这是减压日记的最大益处。内心的烦恼是一种重担，如果你不想办法缓解，你就会身心俱疲，甚至患上一些心理疾病。

56岁的朱大妈，由于患病，生活不能自理，两年前住进养老院，不过她天性乐观坚强，常常给身边的老人带去很多欢乐。所以大家都友好地称她为“开心果”。她有什么开心

的秘诀吗？原来，朱大妈坚持每天写日记，初衷是锻炼自己的记忆力，以便自己能快速康复。

朱大妈两年前突发脑出血，左侧半身不遂，生活无法自理，出院后就住进了这家养老院，已经快两年了。她住在养老院的四楼，这层楼住的都是卧床的老人，一个房间里四张床位。在以白色为主的环境中，她的床位显得十分特别，床被紫色所包围，窗帘、墙壁上的照片，都有大面积的紫色。

从住进养老院的第一天起，朱大妈就躺在床上，用还能活动的右手写日记。她想尽快好起来，像生病以前一样和同伴们一起去跳舞、唱歌。朱大妈给身边的人看她写的那些日记，没有完整的本子，只有一大摞A4纸，这些纸是别人给她的。每页纸的正反两面都是她写的日记，一天都没落过。日记里记录着她每天做康复的辛苦，也有一些国内外的大事，更多的是一些日常的琐事。

尽管朱大妈写日记的初衷是锻炼大脑，但随着写日记的习惯养成，她内心的烦恼也慢慢减轻了，这也使得她更加乐观地面对人生。

写日记本身就是一个倾诉的过程——向日记本倾诉自己的心事。当孩子进入青春期，他们的内心有了很大的变化，这时候他们开始写日记，把自己的开心或不开心记录下来，锁在日记本里。日记本里记载了孩子们青春期的烦恼，也承载了孩子们青春期的成长压力。可以说，写日记就是一个倾诉的过程，而且对象只是一个日记本，完全不用担心它会泄密。

医院有一本出名的“减压日记”，这些年来，通过写减压日记，这些医护人员很好地缓解了工作上的压力。

“真累，抢救回病人一条命，自己也快要被人抢救了！”“没关系，休息休息就可以继续奋斗了”“送病人去作检查，手指被门夹了一下，肿了。”“哈哈，没事吧？”这两段互动对话是那本著名的减压日记中找到的，医护人员们亲切地称之为减压日记。

原来，这些日记本的最初作用是医护人员用来记载工作信息的。由于医院工作的特殊性，这里的工作人员几乎都是几班倒，许多同事相互之间一个周也没能见几面。遇到一些重要的通知或紧急的病情时，当班的工作人员就会把内容写在上面，交代给下一个来换班的工作人员。之前写在黑板上，后来，为了避免隐私泄露，就写在一个本子上。

渐渐地，日记本成了大家工作中不可缺少的一部分，内容也丰富多彩起来。工作交代、气象预报、心情记录、烦恼倾诉……都被写在了上面，它成了名副其实的减压日记。

写减压日记是袒露心事、缓解压力的最佳途径。尤其是当自己遇到一些难以启齿的麻烦事情时，跟朋友倾诉也不妥当，对父母说会给他们增加心理负担，既然如此，那就写在日记里吧。在写日记的过程中，会清晰地记录当时的事情状况以及感受，当把所有的事情都捋完一遍后，你会发现这件事情本身并没有那么令人难过，内心的压力也会得到舒缓。

1. 准备日记本

当你需要开始写日记时，请先准备一本空白的笔记本或日记簿。如果你之前没有写日记的习惯，那可以先以一周为单位，将自己生活中所遇到的烦恼都一一记录下来。经过一周之后，假如你感觉这种方式比较适合自己，而且压力减轻了不少，那就可以坚持写下去。当然，为了方便详细地记录，你可以按照时间段将日记簿每页分为几个栏目，如“上午”“下午”“晚上”等。

2. 将所有的事情尽可能记录下来

应该将每天所发生的事情尽可能地全部记录下来，特别是当某种压力症状出现的时候，更应该仔细记录下来。当压力来袭的时候，你自己的感觉是怎么样的，一定要认真地记录下来。即便没有感受到压力，也需要每天记一下自己经历的事情以及当时的感受。

3. 事后再来分析当时的压力

一周时间过去后，你可以回过头来翻看之前的日记，注意查看自己在什么时候会感到压力重重、什么时候心情开始得到缓解。在日记里，你可以找到一些其他的舒缓压力的方式，如在购物时不会感到什么压力，那就尽可能地选择安静一点的时间去；如果你觉得和家人在一起很温暖很快乐，那就每天尽量多花一些时间陪伴他们。当然，再过一周来查看当初令你感到压力巨大的事情，你会觉得不过如此。

减压启示

一个人压力大了，就需要发泄一下，但是如果拿身边的人来撒气，会让无辜的人受到伤害，因此，最好的办法就是向日记本倾诉。纽约州立大学最近的一项研究发现，人们只要将自己的不快在纸上书写20分钟，就可以减少很多的压力。所以，赶紧吧，用笔和纸来倾诉你所有的不愉快和烦恼吧！

购物减压，从“买买买”中找到放松的秘诀

大部分人在心情不好时会选择购物以减轻压力，事实上，购物对减压是很有效果的。在购物时，购物者几乎完成了一次角色转换，平时在工作中服务于他人的角色转换为销售员口中的“上帝”，尊严感在购物过程中得到了极大的满足。而且，在购物的时候，特别是女性朋友购物，大多保持高度专注的注意力，在这时候，她们会完全忘记前一分钟还在担忧的事情。因此，当人们买到自己心仪的商品时，尤其是女性买到自己喜欢的衣服时，会特别高兴，有一种强烈

的成就感，因为美丽的衣服可以增添自己的风采。当然，这个购物的过程是一种非理性的行为，是对自身压力的一种释放。我们不难发现，通过购物减压的大部分都是女性朋友。

小李是个急性子，但是偏偏女朋友喜欢逛街，而且一逛就是好几个小时。最让小李吃不消的是，女朋友好像对商品毫无抵抗力，只要看到喜欢的，不管价格如何都会毫不犹豫地买下。

细心观察后的小李发现，女朋友最喜欢在情绪波动的时候逛街，心情不好的时候，她会用逛街来发泄，心情好的时候，她也会用逛街来庆祝。不过小李庆幸的是，女朋友很少向自己开口要钱买东西。

小李现在学聪明了，每次逛街时，他都不进商场，只在门口等，等女朋友出来时再为她提东西。不过小李倒也不孤单，每当他等女朋友时，看到门口一圈男人也和他一样，心中都不禁涌出一句白居易的名句——“同是天涯沦落人”……

的确，在购物心理上，男人和女人是不同的。男人买东西通常都是直奔主题，看中合适的，直接掏钱买东西。而女士逛街则看心情，当她们心情不好时，购物是她们经常选择的发泄方式。而陪女人逛街，对于很多男性来说则是一种巨大的心理折磨。

一般情况下，多数女人都喜欢购物。逛街也无疑是很好的一种心理宣泄的方式，但也有一类女性，往往满载而归，却又很少对自己的“战利品”感到满意，她们常常陷入一种不买难受、买了后悔的矛盾中，这类女性常自嘲为购物狂。从心理学角度分析，购物狂和暴食症、偷窃癖一样，都属于冲动控制疾病范畴。疯狂购物的内在原因是对商品的病态占有欲。尽管购物是减压的一个途径，但难有适当的购物尚可，过度的购物则是一种病态行为。

小凤是典型的购物狂，最多的一次去商场买了30多件衣服，逛到最后一家商场打烊。她每个月在购物方面就要花费上万元，基本上一看到喜欢的东西就买，信用卡曾经被刷爆3次，她已经无法计算出几年下来因购物花掉的钱到底有多少。

对小凤来说，购物是一个很享受的过程。她管理公司的工作常常会带来很大的压力，每当心里不舒服或感到烦恼的时候，她就会选择疯狂购物。当她站在试衣镜面前，深切地感受到“人靠衣服马靠鞍”这句俗语是多么贴切时，内心的欣喜是无法言说的。享受的过程并没有因为购物结束而结束，回家之后，各种战利品的试穿和搭配又让她内心高兴一把，而接下来的几天，朋友、同事往往会因为小凤穿着漂亮衣服而赞不绝口，让她内心的这种满足感和虚荣心再次得到发酵。

这种“减压、愉悦”的方式，成为小凤疯狂购物背后的强大精神动力，她在购物的瞬间会感到莫名地快乐，当然，购物也成为她减压、寻找快乐的最好途径。

购物狂过度购物，其根源往往是外在压力。现代社会对女性的要求越来越多，不仅要貌美如花、拥有事业，还不能丢掉贤良温顺、相夫教子的传统美德。职场中有些女性白领面临很大的生活和工作压力，因此，购物成了她们宣泄压力和负面情绪的通道之一。另外，作为下属的女性，没有能力控制自身的工作量，没有办法操控主管给自己带来的压力，或者生活中有很多身不由己的事情，让她们面临很大压力。这种无助感让有些女性内心极其渴望能控制和把握一些东西，购物则很好地契合了这一需求。

心理专家称："当人无法控制自己的消费欲望，而是进入一种购物上瘾、强迫自己消费的状态时，这就不仅仅是一种过度消费了，而是一种病态购物症，在国外被广泛定义为'强迫性购物行为'，需要及时接受指引和治疗。"那么，如何辨别自己是否属于购物狂呢？又该如何防治这种心理疾病呢？

购物狂的典型特征是：见到喜欢的就买，买完了又后悔和自责，然而这种感觉转瞬即逝，甚至几秒，他就又投入了下一轮购物战斗中。"购物狂"分为缺乏自制力的冲动消费型、由嗜好变成沉溺上瘾的过度消费型、"耳根软"的被动消费型、减低空虚感觉的逃避消费型、只爱名店的崇尚名牌型、因贪便宜而大量购买的疯狂讲价型六种类型。

如果你是一个购物狂，那么，你需要进行以下心理调整：

1. 认清压力的来源

减轻压力是“购物狂”需要进行的第一步，只有认清压力的来源，寻找到适合自己的方法，才能够从根本上解决这个问题。

当你发现自己有购买冲动时，不妨尝试一下其他比较合理的压力宣泄的方式。宣泄的途径很多，性格外向的人可以找个地方高声大叫；性格内向的人可以把心中的不快写在纸上，寄给远方的朋友。

2. 行为主义的疗法

给购物狂制订购物计划，尽量少带钱出门。对于较严重的人群，建议与心理咨询师多沟通，可以和咨询师之间制定一个协议，完成一个阶段的协议再去制定下一个协议。购物者还可以选择结伴出行的方式，让身边的人督促自己进行合理消费。

3. 合理搭配你的财务开支和购物计划

个人感觉是，购物的实际开支最好不要超过你最大承受能力的20%，这样购物后，由于花销所带来的“肉疼”感不至于影响到所获得的愉悦感，同时还能起到警示作用，有助于理性消费。

减压启示

疯狂购物的内在原因是对商品的病态占有欲，而其根源往往是外在压力。事业的压力，工作的挑战，家庭的拖累，身不由己的种种，让购物成了女性宣泄压力和负面情绪的通道之一。从心理学角度分析，购物狂和暴食症、偷窃癖一样，属于冲动控制疾病范畴。专家称，“购物狂”其实是一种病态的消费心理，带有强迫症的色彩，需要及时接受指引和治疗。所以，如果你选择购物来减压，那必须保证是适当地购物，而不能疯狂购物。

走进书本，让心宁静下来

俗话说：“开卷有益。”阅读不但可以使人增长知识，提升个人修养，对我们的身心健康也是非常有益的。事实上，阅读更是一种减压的方式，会给我们的身心带来意想不到的惊喜。在日常生活中，人们会因为生活和工作遭受多重压力，而阅读可以有效地释放内心的压力，从而让一个人回归平静。然而，现实生活中的我们，估计已经很久没有读书了，每天对着电脑或手机刷微博、看网页已经成为习惯，正因为这样，内心才会越来越焦虑。

英国读书俱乐部委托萨赛克斯大学的“心智实验室”进行研究，结果发现，在各种减压方式中，阅读的效果是最佳的，通常在6分钟内就能使压力水平降低68%，比听音乐和散步效果都好。因为，当一个人在阅读时，思绪会集中在文字上，紧张的身心可以因此得到放松。如同身体上的肌肉一样，我们的大脑也需要通过锻炼而变得更强壮和健康。一些研究发现，阅读可以让一个人的大脑保持活跃和忙碌，从而预防衰老。

美国前总统杜鲁门曾经在回忆罗斯福时如是说：“在经济动荡和战争时期，我只看到罗斯福总统开怀过两次。一次是听到诺曼底胜利的消息，另一次是读到斯托特的小说。”

斯托特，就是被誉为“美国古典侦探小说三大家”之一的雷克斯·斯托特，因为在《被书谋杀》《被埋葬的恺撒》等侦探小说中塑造了一个喜爱种植兰花、身体超重、性格古怪的私家侦探尼禄·沃尔夫而出名。除了斯托特，英国女作家多萝西·L. 塞耶斯的侦探小说也是罗斯福总统的最爱。

在经济大萧条时期，罗斯福就是依靠塞耶斯的《五条红鲱鱼》《证言疑云》《剧毒》等小说排遣心中的压力。如今，塞耶斯和斯托特的作品都被打上了“罗斯福总统减压书”的标签。

其实，不只罗斯福，他的后继者杜鲁门也偏爱阅读侦探小说减压。身处美国侦探小说创作的黄金时期的杜鲁门也为斯托特笔下的“尼禄·沃尔夫”倾倒，在处理风云变化的政治风波之余，看一看斯托特的《门铃响起》是杜鲁门最大的乐趣。

驰骋NBA赛场多年的勒布朗·詹姆斯曾在接受媒体采访时透露，自己会在季后赛阶段选择屏蔽外界干扰，尽可能地减少大脑的负担，但是他会阅读书籍，通过读书来减压。美国一项研究发现，喜欢阅读的人，生活作息更合理，饮食习惯更健康。因为，通过阅读，他们一方面从书中学到了很多有用的知识；另一方面，阅读能让他们更加热爱生活。

2015年夏天，一本成人填色书《秘密花园：一本探索奇境的手绘涂色书》掀起了一股购买狂潮、填色风潮。这本由英国著名插画家汉娜·贝斯福创作的书只有264个字，共96页。这96页是作者手绘而成的黑白线稿，其间藏有各种令人着迷的风景。人们购买后，可以根据自己的喜好对其进行填色，创作出独一无二的画作。

这本书让普通人也能体验做艺术家的感觉，哪怕没有任何绘画功底，同一幅底稿，可以由不同的色彩搭配创造出完全不同的作品。这和纯文字的书有所区别，看着就有一种轻松的感觉。

人们在填色的过程中，不用太费脑力，只需要将注意力集中在小事情上，就可以从悲伤、紧张等负面情绪中摆脱出来。而且，在涂色过程中，人们会感受到童年的愉悦感觉，这是一种心理暗示，毕竟在快乐的童年里很少会有压力。

网络时代，我们需要在较短的时间里完成很多事情，诸如查看邮件、同时与很多人聊天、接打电话……这种工作方式会削弱人的注意力。当我们在阅读的时候，所有的注意力都会集中在书籍里，这可以帮助我们暂时忘却烦恼。

1. 经常阅读，不会感到孤独

阅读可以满足一个人的归属感，让他很快地融入社会圈子，很少感到孤独。当人们阅读到书中描述的风景、声音等时，会激活大脑的一些领域，联想到生活中的一些经验，这种感觉是我们在看电视或玩游戏时感受不到的。哪怕每天只阅读6分钟，也可以减少大部分的压力。

2. 不同书籍可以辅助治疗不同疾病

其实，不同类型的书籍，会对人体产生不同的影响。比如，当我们阅读优美的诗篇时，有助于胃溃疡的愈合；在阅读笑话、喜剧一类的书时，有利于减轻神经衰弱；而阅读那些名著的时候，可以排解内心的苦闷；读有趣的小说，可以缓解内心的压抑。

3. 大声阅读可改善肠胃功能

当一个人在大声阅读的时候，会提高自身的氧气输送能力以及血液和多种氨基酸到达大脑的能力，前额大脑皮层变得活跃，神经元的数量和神经之间也加强了联系，从而使人的大脑得到放松，血压降低，心情也会随之变好。大声阅读，运用腹式呼吸，促使肺吐纳更多的空气，特别是阅读长句子时肺部会彻底排空，利于吸入更多的新鲜空气。

减压启示

你是不是已经很久没有读纸质书了？对着电脑或手机刷微博、看网页是不是已经成了你每日的习惯？如果是，那请你现在开始读书吧。读书不仅能让你增长知识，还能够帮助你有效缓解压力。

亲近大自然，找寻心灵的归宿

古语说："春有百花秋有月，夏有凉风冬有雪。若无闲事挂心头，便是人间好时节。"这是一个浅显简单的道理，回归大自然，我们的情绪会更容易变得平和，而那些一直存在的消极情绪则会如灰尘般渺小。在生活中，物质和财富并不能让内向者的心情变得好起来，有时甚至会起到相反的作用。人生在没有事业、没有财富的时候，往往会将事业和财富当作好心情的保障，他们总是因缺乏这些东西而产生坏心情。其实，即使得到了这些，大多数的人也并不会因此更快乐。这时不妨投入大自然的怀抱，找寻一处心灵的庇护之所。

这是一篇游记：

最近，我一直为自己的身世而烦恼，坏心情就好像从我的每个毛孔钻出来，好像看什么都不顺眼。我从小就没有妈妈，她抛弃了我，我恨她，但在我内心深处，我又特别想念她，这样的矛盾心情一直折磨着我。我感觉心好累，在不知不觉间，我来到了老家，这是一个只有自然的朴素地方。

走进大自然，这里的一切都令人欣慰、平和，没有喧闹的汽车鸣叫声，没有人们的吵闹声，一切都是那么清晰、新鲜。阳光潇洒地照耀着大地，火辣辣的太阳变得很温暖，给我心灵无尽的安慰。

漫步在辽阔的草原里，风飘过我的身旁，很清爽、很温暖，就好像一双慈母的手，抚摸着我的脸颊，很轻柔、很温暖。风的味道，简直令我难以割舍，它的味道，让我想起儿时所闻过的妈妈模糊的香味，以及妈妈曾带给我的温暖。原来，世界真是变化莫测，虽然妈妈不在我身边，但风让我变得心满意足，而这种满足是前所未有的。

走进小小的森林，我闻到了香甜的果实，抬起头来，竟然发现那些早已经成熟的果实不知道什么时候跑到了我的眼前，它们好可爱，红红的，衬托出它们美满的生活与幸福。我就好像一个调皮的孩子，轻轻地摘下一枚果实，也不顾卫生就塞进了嘴里，果实的甘甜袭来，让我瞬间忘却了一切烦恼，我好像早已经回到了孩童时代，那种可以无所顾忌地奔跑在大自然中的感觉又回来了。毫无瑕疵的大自然，清晰、美丽，漫步在这里，我早已经忘却了我为什么会来这里，我的烦恼是什么。大自然，不仅是美的艺术家，更是最好的心灵治愈师。

社会的复杂让我们失去了生命的自由空间，生活在这种复杂的环境中，忧虑和烦恼空前地膨胀着，我们只是不停地工作，从来没有闲暇时光，最终使得心灵干枯了。虽然我们看似得到了许多享乐，但那并不是幸福；拥有许多方便，但那并不是自由。我们差不多已经忘记了该如何享受生活，但若是回到大自然，我们的心灵将变得宁静而充盈，那种清晰的感觉将唤起我们对过去所有美好的回忆，当幸福的感觉涌上来，那些糟糕的感觉早已经被覆盖而不知所终。

1. 大自然使心灵恢复平静

大自然里有什么呢？新鲜的空气、纯净的蓝天、迷蒙的烟雨、柔和的月光、连绵的青山、潺潺的流水……这一切都是美好而祥和的，它带给我们的是平静，就好像是缓缓流动的水，带走了一直积压在心底深处的坏心情。大自然的美对每个人而言都是平等的，越是自然的东西，就越是接近生命的本质。

2. 投入大自然的怀抱

只要我们能敞开怀抱，拥抱大自然的祥和与宁静，我们就可以真正地放下心中的牵挂和忧虑，在自然的怀抱中获得自在。在大自然的熏陶中，我们早已经放下欲望，干枯而缺乏营养的心灵在自然的馈赠中获得了滋养。在大自然的怀抱中，只要我们拥有平常心，不必付出任何代价，就可以享受美好的心情。

减压启示

千百年来，人们一直遵循着天人合一的精神，人类应该感恩大自然、珍惜大自然、爱护大自然、享受大自然，这样才能在自然中找到丢失已久的快乐和宁静。如果我们的心情变得很差，那么，不妨投入大自然的怀抱，在这里，我们会忘记所有的烦恼，重新领悟生活的快乐与幸福，同时，也可以治愈我们心灵的伤痛，让坏心情如尘埃般渺小。

六个生活小情调，助你轻松减压

生活本是一张白纸，需要你自己拿着画笔，一笔一画地勾勒出美丽的风景；生活本是一杯白开水，需要你自己往里面增添甜蜜、幸福、悲伤，调制出五味俱全的味道。生活本来是平平淡淡的，主要是看你怎么来经营。许多人对生活充满了抱怨，总是觉得自己每天除了工作就是睡觉，已经丧失了最初的激情；有的人总是为柴米油盐酱醋茶而担忧，日子过得拮据而无味，生活让他们看不到任何希望。现实生活中的人们，忙着上班，忙着挣钱，忙着照顾家庭。在忙碌的生活中，他们抱怨着、哭诉着，却不愿清醒着。其实，生活本身没有对与错，一切在于你的心态、你的生活方式。对于那些心态乐观、懂得享受生活的人来说，每天都是充满阳光的。所以，我们要学会为自己忙碌的生活营造一些小情调，调剂生活，更要充实自己、丰富心灵。

生活中的小情调并不是什么昂贵的奢侈品，它就如同濛濛细雨，滋养着忙坏了的人，使他们每一个日子都是那么丰盈而充满意蕴。情调就是人与生俱来的情致，是骨子里最温柔的情结，是人们通过自己的感官享受和体验生活的一种方式。平淡的生活充满了枯燥、倦怠的气息，压力让我们喘不过气来，其实，这时候需要我们给自己留一点时间，为乏味的生活营造一些小情调。生活越是忙碌、越是枯燥，越需要情调。情调能在一定程度上为我们减轻压力、消减负荷，让我们烦闷的心情得到放松得到释放，让我们重新体会到生活的美好。

王姐是个精明能干的人，曾经在好几家大型公司当过副总，MBA学位，美丽、漂亮、优雅。她之前有段婚姻，结婚一年就因为性格不合而离婚了。离婚后，她把心思都投入到工作上去，日子虽然过得很忙碌，但是她的生活颇具小资情调，没事就学学插花、看看电影，那份闲情逸致，让身边的朋友羡慕不已。

王姐出生在一个富商之家，从小耳濡目染，骨子里喜欢有情调的生活。虽然长大后的她整日处于很忙碌的状态，但每到休息时，她又会想起自己那有情调的生活来。在不上班的时候，她就喜欢逛花市，一逛就是一上午，每次回家，不是捧一把鲜花，就是提一盆花。除此之外，她还经常去学习插花，在老师家里一待就是一下午。如今，她的插花技术日益长进，哪怕是一个很粗糙的瓶子，凭着她的心灵手巧，美丽和诗情不消须臾便立现眼前，或是放在案头，或是放在居室。她说，那使她有美丽的心情。

对于每一个生活忙碌的人来说，情调并不是什么奢侈品，也不需要我们花费多大的精力。当你周末无聊的时候，窝在最心爱的沙发里，翻着一本心仪的书，泡上一杯沁香的玫瑰花茶，这时候，生活的情调就会慢慢萦绕在你身边，牵动你内心最柔软的部分。生活需要情调，而情调也充斥着生活的每一个角落，只是需要你去发掘它们，并弹奏出最优雅的调子。

情调就如同生活的调味品，为你的生活增添别样的味道，使你的生活不至于单调乏味。在更多的时候，它只是一种愉悦的心情：在微雨的天气，故意把雨伞收进包里，独自走在大街上，感受细雨的朦胧、细雨的浪漫，那份怡然自得，就是情调；在寂静的夜晚中、迷人的灯光下，穿上最美丽的衣裳，浅浅啜饮，品尝红酒的魅惑；夏日的午后，独自倚着窗，凭栏眺望，佳人品佳茗。情调，其实就暗暗隐藏在我们生活的每一个角落，需要我们于细微处去发现，用心去体味。

1. 听听音乐

一曲节奏明快、悦耳动听的音乐，会让我们内心的不快烟消云散，乐而忘忧。当音乐如流水一般缓缓而来，体内的神经体液系统处于最佳状态，从而达到调和内外、协调气血通行的效果，达到消乏、怡情、养性的目的。

2. 练练书法、绘画

有人把绘画、练书法比作气功锻炼，因为练书法和绘画都要求必须平心静气、全神贯注、排除杂念，这与气功有着异曲同工之妙。而且，练书法和绘画的时候，需要讲究姿势，这不仅可以助人排解内心的不快，也可以令人保持一种平和的情绪。

3. 垂钓

一般而言，适合垂钓的地方大部分在郊外，常常到郊外走走，本身就是一种身心释放。而且，在水边湖畔，空气异常清新，负离子含量高，会令人感到悠然自得、心旷神怡，能起到减压、减轻疲劳的作用。

4. 养花

养花不但能供人欣赏、美化环境，更令人赏心悦目，而且花香更是让人痴醉。鲜花释放的花香，通过人的嗅觉神经传入大脑后，可以令人气顺意畅、血脉调和、怡然自得，产生心情愉快的感觉。

5. 跳舞

研究发现，即便是慢步舞，其能量消耗也是人处于安静状态下的3~4倍。当然，跳舞时为了与音乐协调，必须全神贯注，集中于音乐和舞步中，加上轻松愉快的音乐伴奏和迷人灯光的衬托，实在是一种美的享受。

6. 旅行

近几年，旅行已成为减压和疗伤的代名词。旅游可以使人饱览大自然的奇异风光和历史、文化、习俗等人文景观，令人获得精神上的享受。置身在异域风景中，呼吸新鲜空气，让身心来一次任性的出行，更令人感到放松。

减压启示

我们要学会为自己减压，为自己的生活营造一些小情调。其实，生活中并不缺少情调，而是缺少发现情调的那颗细微的心。说到底，情调就是一种生活的态度，一种平和的心态，一份闲情雅致，一份优雅情怀。

第 07 章

宣泄出来：选择合适的方法疏导压力

沉重的生存压力，复杂的人际关系，疏远的情感世界，使得人们的心理负荷不断增加，乃至变得神经敏感，很容易被消极情绪困扰，长时间处于抑郁的状态。这时候，我们需要给情绪一个宣泄口，疏导、宣泄心中的愤怒情绪。

建立发泄室，宣泄出你的愤怒

愤怒是一种情绪，更是一种可能会伤害到自己和身边的朋友、亲人的负面情绪。这种消极的感觉状态，通常包括敌对的思想、生理反应和适应不良的行为。很多时候我们都会因为一些小事情而情绪激动，许多人根本难以控制自己的情绪，而且很难通过一种积极的方式来宣泄内心的愤怒。

2014年，英国《每日邮报》报道，位于意大利福尔利的一家“愤怒发泄室”意外走红，受到人们的普遍欢迎。在这里，人们可以肆意打砸屋内所有物品来宣泄愤怒、舒缓压力，这对减轻生活、工作等带来的压力的效果不可小觑。这间著名的“愤怒发泄室”由金属外墙打造，室内家具等物品齐全，前来发泄的人每小时付款35欧元，便可以在屋内随意打砸破坏，以宣泄所有的愤怒和不满。而且，每位参与者进屋都会穿戴头盔、手套和特殊备具，配有一支棒球棒作为发泄工具。人们以这种方式进行合理的情感宣泄和压力释放，能够缓解内心被压抑的情绪而不至于伤害爱人或是激怒上司，可间接拯救婚姻和职场中的关系危机。

当然，如果你所居住的地方并没有专业的“发泄室”，你也可以寻找其他的方式来发泄情绪。

日本有的组织和单位搞的“健康管理室”，就是采用这种方式。比如，两个人吵架了，产生了比较大的纠纷，就可以把他们领到“健康管理室”，组织双方接受健康管理教育。

第一个房间，一进去，对面有个落地大镜子，两个人站着照镜子。双方在吵架时，感觉不出自己的面貌变化。而通过落地的大镜子，他们可以发现自己脸红脖子粗，非常激动，怒气马上就下去了，同时，他们会感到自己今天有些失控，于是提醒自己要控制情绪。

然后到第二个房间，是一排哈哈镜，双方依次照镜子。这些镜子启发双方要正确对待自己，正确对待别人，不能像哈哈镜那样把自己看得很高大，而把别人看得很矮小。

然后再向前走，进入弹力球室。在地板上和房顶上各有一个钩子，中间用橡皮条紧紧拉着一个球，挂得一人多高。每人用力打三下，由于弹力作用，球弹回来正好打在自己额头上，以此来启发双方认识到人与人的关系就同作用力与反作用力的道理一样，你伤害别人，别人就会伤害你。

再往下走，是傲慢像室。里面有一个稻草做的非常傲慢的草人，每人用棒打三下，让双方发泄一通，并启发他们否定这种傲慢态度。

再往下走，走廊两边挂着许多照片，一边是青年人应该怎样生活、学习，如何正确对待别人、尊重师傅和长辈；另一边是青年人在酒吧间里鬼混、打架斗殴等日本社会的黑暗面。两边对照，启发青年正确对待生活。

最后双方交换意见，互相表态，问题得到解决。

“健康管理室”由一系列的房间构成，而它们的作用就是让双方能够逐渐泄愤释怒，清楚地认识自己，最后心平气和地彼此交换意见，互相表态，使问题得到解决。

一般来说，当人处于逆境时容易产生不良情绪，而且，当这种不良情绪不能释放、长期压抑时，就容易产生情绪化行为。怎么办？就目前而言，国内缺乏一些专业的“发泄室”，当然，这并不表示我们就可以以砸东西或对人大喊大叫来发泄情绪，因为，这样的做法尽管能使自己得到释放，却会给他人带来伤害，所以我们应寻找一些其他发泄愤怒情绪的方式。

1. 运动

当你感到生气的时候，或许不想动，但是运动可以很好地平复你的心情，同时也是恰当的发泄方法。当身体在运动的时候，可以帮助你释放脑内啡，还能够令你体内产生让人感到快乐和幸福的化学物质。所以，当发现自己情绪不好时，可以选择有氧运动，如散步等，以缓解压力。

2. 下厨

家庭主妇生气的时候，不要冲着孩子发脾气，可以做一些美味的食物，如揉捏面团可以帮助自己释放怒火。若你时刻关注自己的食谱，你根本没有时间去想那些烦心的事情，而且，做一顿美味的食物，这本身就是一件快乐的事情。

3. 小憩一会儿

如果你觉得自己的压力已经非常大了，你甚至无法控制自己的情绪，这时候可以选择喝一杯菊花茶，然后稍微休息一会儿。小憩半小时，清醒的大脑可以让你更加理智地解决问题。

4. 把遇到的问题写下来

我们可以把自己遇到的问题和不良的情绪写下来，这也是一种健康的泄愤方式。这种方法可以帮助自己对烦恼事情进行分类，便于找到合适的解决途径。比如，假如你讨厌自己的上司却不想辞职，又不能将这些想法说出来，那就写下来，以宣泄自己的情绪。

5. 学会大笑

生气的时候大笑，这几乎是不可能的事情，但对于泄愤确定很有效果。比如，看一些搞笑的动物图片、看几部喜剧片、读一些有趣的故事，这些方式都可以帮助自己发泄愤怒情绪。

减压启示

生活工作中难免有不顺心的事情发生，导致你愤怒的情绪蔓延开来，愤怒是一个人遇到挫折时的自然情绪反应。当我们愤怒的时候，我们要知道如何发泄愤怒，以排解心中的不快，减轻愤怒带来的不良影响。

哭并不是懦弱的表现，而是减压的方式

哭泣，是人类情绪的表达方式之一，历来被看作是一种减压的方式。一些研究显示，哭泣能够缓解人们紧张、焦虑的情绪，于是，很多人，尤其是职业女性在面对压力时，会通过大哭一场来释放压力。也有人发现，自己在边看悲剧电影边哭泣时，会睡得特别香，连过去的失眠症也消失了。

在人们普遍的概念中，哭泣是女人和孩子的专利，男人则是“男儿有泪不轻弹”。孩子和女人就不一样了，高兴的时候可以哭，感动的时候可以哭，生气的时候可以哭，烦躁的时候也可以哭，甚至连无所事事的时候也可以哭……哭泣常常被人当作一件不好的事情。当然，从心理学角度来说，适当的哭泣对身心是非常有益的。

日本是出了名的工作紧张压力大的国家，调查显示，70%的日本人都感到有压力。所以，如何减轻压力在日本成为备受关注的问题，为了减轻压力，日本人想出了许多方法。

2014年，日本东京流行起一种“哭泣疗”法，受到了那些平时想哭又不敢哭的人的热捧。人们普遍认为，心情不好时大哭一场可以帮助自己释放不良情绪，如此一来。心情自然会好很多。不过，由于害怕丢面子等原因，并非所有人都能随时放声痛哭。

在日本东京，寺井广树曾是一名“离婚仪式”主持人。在见证了许多夫妻和平分手后又痛哭流涕的场面后，寺井发现，哭在人们转换心情和释放压力方面起着很重要的作用。于是，他创办了“哭泣疗法”学习班。在课堂上，老师通过播放悲情电影为学员营造悲伤的气氛，进而刺激想哭的学员痛痛快快哭一场。“哭泣疗法”学习班开办至今数月，已经吸引了大批不同年龄层的学员，大家普遍反映效果不错。

曾有研究认为，人们在情绪压抑时，会产生某些对人体有害的生物活性成分。而人们在哭泣后，其情绪强度一般会降低40%。而那些不哭泣、没有利用眼泪把情绪压力消除掉的人，却影响了自己的身体健康，导致了某些疾病的恶化。

美国明尼苏达大学心理学家威廉·弗莱对哭泣作了长达5年的研究，结果显示，在一个月之内男人最多哭7次，而女人的流泪次数则超过30次。研究发现，眼泪甚至可以发送自我保护的信号。一般来说，父亲都惧怕小女孩的眼泪，当一个小女孩向父亲索要什么东西的时候，如果父亲拒绝，她就会马上湿了眼眶，一颗晶莹剔透的泪珠随之滑落下来，于是父亲马上放下自己的权威，向小女孩投降。

日本东邦大学名誉教授、脑生理学专家有田秀穗将著名的悲情片《佛兰德斯的狗》与《萤火虫之墓》播放给20名成人观赏，并在此过程中对受试者大脑血流量作了检测。

实验发现，在看影片的受试者中，约有九成人在中途哭泣。在他们开始哭泣前的1~2分钟，大脑的前额叶区血流量会缓缓增加，到了哭泣前10~20秒，血流量会急速增加，同时心跳与血压上升，处于兴奋状态。

哭泣过后，血流量开始缓缓下降，恢复到原来的状态。有田教授认为，人之所以会在看片子的时候流泪，是因为当人看到自己深有同感的画面时，前额叶区活动会变得频繁，进而发出“流泪”的指令，而这是只有大脑发育较为发达的人类才能流出的眼泪。

心理测试显示，哭泣之后的人的心理中，紧张、不安、混乱、愤怒等情绪的比例很小。经常有人会说，“大哭一场之后，整个人感觉轻松很多”“哭完之后感觉神清气爽”，之所以出现这样的情况，是因为情绪性的哭泣之后，与放松状态关联的副交感神经会替代与兴奋紧张状态关联的交感神经，对人体的情绪起着主要的控制作用。换言之，人们通过

"哭泣"这样的行为，自发性地切换交感神经与副交感神经的作用，达到发泄情绪、减压的目的。

当然，也有人表示哭泣并非最佳的减压途径。一些人经常会用哭泣减压，结果哭得自己都心痛。虽然哭过之后情绪就平复了，就又有勇气面对生活了，但是，每次哭泣之后，都需要差不多一天的时间来恢复，实在令人筋疲力尽。

压力的来源有很多，有些人压力过大可能源于人际关系紧张。在面对压力时，如果可以获得家人、朋友、同事等良好的人际支持，就能够有效化解压力。在这种良好的人际关系中，人们能获得愉悦的情绪，会比较乐观地应对压力。通过哭泣减压，确实值得推荐，可以作为正常的情绪发泄渠道，但没必要经常用它。它不是减压的首选方式，还有更多更好的方式可以减压。如果经常哭泣而又调整不好情绪，只会越哭越伤心。

减压启示

心理专家表示，哭泣是宣泄压力的一种方式，可以偶尔为之。但是并不是所有人都适合用哭泣的方式减压。一般来说，基础人格不同，对压力的承受能力也不同。通常情况下，人们哭泣后，情绪强度会降低40%，但是压抑的心情得到发泄、缓解后就不能再哭，否则对身体有害。

大声笑出来吧，获得心理自愈

心理学家说：“健康的开怀大笑是消除精神压力的最佳方法之一，同时，这也是一种愉快的发泄方式。”当压力来临、或者遇到了烦心的事情时，我们应该忘记心中的忧虑，开怀大笑，败一败自己的火气。笑完了，压力也就消失了，愤怒的情绪也会回归到正常状态。我们常说“笑一笑，十年少”，在西方也流传着这样一句谚语：“开怀大笑是剂良药。”笑对一个人身心的益处，得到了中西方医学专家的普遍认可。美国心理学家史蒂夫·威尔逊是“世界欢笑旅行”组织的创始人，他这样阐述了“笑”：“笑很简单，它是人类与生俱来的本领；笑也很复杂，蕴含着人们可能从来没听说过的许多学问。”威尔逊对笑进行了多年的研究，他号召人们用笑赶走烦恼、焦虑。所以，当压力来袭时，尽情地大笑吧，这样能助你调节情绪、平复心境。

芬兰科学家通过多项实验和调查发现，人一生下来就会笑。简单地说，人不需要学习就能发出笑声，刚出生的孩子会在睡梦中微笑。但是，诸如悲伤、烦恼等负面情绪以及表达负面情绪的愤怒、哭泣，则需要通过亲身体验，慢慢学习而来。另外，相对于心中忧虑而引起的皱眉来说，笑调动的肌肉数量更少、用力也要小一些。既然绽放笑容如此简单，为什么不少一点烦恼、愤怒，而多一些开心的笑呢？

卢刚大学毕业后，进入了一家大公司，拿着名牌大学的毕业证，他却在办公室里当了一名普通的文员，这令卢刚十分苦恼，心中常常为此愤愤不平。另外，由于卢刚不太善于表现自己，内心有着强烈的自卑感，因此他的才能无法施展开来。过了一段时间后，卢刚觉得生活压力越来越大，浑身都没有精神，经常莫名其妙地失眠。卢刚觉得自己心理有了问题，在一个星期天，他走进了一家心理咨询中心。面对医生，卢刚倾诉了心中的苦闷，不过，医生并没有给卢刚任何的劝导，而是提出一个小小的要求："每天早晨起床后，什么不要干，先对着镜子里的自己笑一下，在一天的工作中，如果感到苦闷了，就找个安静的地方，开怀大笑一番。"卢刚半信半疑，但还是照心理医生的话去做了。

一个星期过去了，卢刚又去了医院，医生问他："感觉怎么样？情况是否有所改观？"卢刚感慨地说："真没想到，这个办法真的很灵验。"原来，刚开始照镜子的时候，卢刚被自己的样子吓了一跳：眉头紧皱，满脸沮丧，活脱脱一张苦瓜脸。虽然，以前卢刚也会对着镜子剃须、洗脸之类的，但那时都是面无表情，卢刚意识到自己好久没有认真地审视自己了。卢刚记得自己以前是一个快乐的小男孩，记得自己以前也是喜欢笑的，可是，如今，当他第一次对自己微笑的时候，竟发现笑容变得十分僵硬。后来，卢刚每天对镜子里的自己笑，渐渐地，他在镜子里看到了一个快乐的自己，他感到浑身的力量回来了。

卢刚有些疑惑地问医生：“请问这是什么道理呢？”医生笑着说：“笑赶走了你内心的怨气和忧虑，为你带来了自信和快乐，因此，你的生活和工作都有了较大的改善。”听了医生的话，卢刚恍然大悟。以后，在办公室里，同事们经常能听到卢刚那爽朗的笑声。

现代人笑得越来越少了，事实上，我们要想做到笑口常开，就需要自己有意识地作一些努力。我们可以试着培养这样一些习惯：每天起来，对着镜子给自己一个笑容；遇到匆匆而过的行人，尽量给对方一个笑容；如果平时不怎么喜欢笑，可以多观看一些喜剧片或笑话；强迫自己笑。慢慢地，笑就会变成一种习惯。

美国马里兰大学医学教授迈克尔·米勒教授说：“大笑可以提高内啡肽水平、强化免疫系统、增加血管中的氧气含量。”对此，有关心理专家认为，健康的开怀大笑有以下六个好处。

1. 燃烧卡路里，帮助保持身材

德国研究人员发现，大笑10~15分钟可以增加能量的消耗，使人心跳加速，并燃烧人体一定能量的卡路里，所以，大笑是保持身材苗条的最佳方式。

2. 增加自身免疫力

大笑能够使一个人体内的白血球增加，促进体内的抗体循环，这些都能增强免疫能力，对抗病菌。同时，大笑还有助于血液循环，加快新陈代谢，使人更加有活力。

3. 减少心脏病发生的机会

科学家通过研究显示，那些喜欢大笑的人患心血管疾病的概率比较低，因为笑能够使人的血液循环更好，血液的流通则可以有效避免有害物质的积聚，这样就减少了对血管的威胁，因此，笑可以使一个人的心脏更强壮。

4. 能够为你带来好运气

一个喜欢笑的人，他的运气一定不会太差。因为笑容可以让一个人看起来更有魅力、更自信，同时，还能够促进自我价值感的上升，有助于人们克服困难。

5. 笑是特效止痛剂

笑容是最自然、最不具副作用的止痛剂。当一个人大笑的时候，脑中的快乐激素就会释出，这能够缓和人体的各种疼痛。因此，一些患病的人应经常微笑，因为这可以减轻他们的病情。

6. 能够赶走压力，消除负面的情绪

当一个人大笑的时候，身体会立即释放内啡肽，从而赶走压力，驱走内心的负面情绪，释放压力。即使强迫自己大笑，也会产生同样的效果。

当然，我们所需要的是健康的开怀大笑，这有一些前提的条件。比如，高血压患者应该尽量避免大笑，否则会引起血压上升、脑溢血等；正处于恢复期的患者也要避免大笑，因为这有可能使病情发作；还有，当一个人在吃东西或饮水的时候，也不要大笑，以免食物和水进入气管，导致剧烈咳嗽，甚至窒息。当自己有了巨大的心理压力，或者内心郁积着负面情绪时，不要跟自己较劲，选择健康的开怀大笑吧！

减压启示

有一位智者很喜欢大笑，而且，通常是在嗔怒时大笑，弟子感到不解："既然这么生气，为什么会选择笑呢？"智者这样回答："因为大笑可以帮我赶走内心压力，即使我强迫自己大笑，也能够达到这样的效果，所以，既然笑能有如此的作用，我又何苦选择生气呢？"

用美食抗拒压力，吃货哪有什么不快乐

有这样一个小故事：日本有位朋友，去买煤炭想烧炭自杀，结果看见了特价的秋刀鱼，便买回家烤了吃。当他吃完之后，觉得生活好像也没有那么糟糕，于是果断地放弃了自杀的念头。

一到年底，大大小小的会议、各种年终总结以及即将面

临的各种人情压力和逼婚的压力让很多人彻夜难眠、脾气暴躁、悲观失落……这种年底焦虑症，在近几年以高发病的态势在职场中不断蔓延。

许多人在面对压力时总想吃东西，这是因为，当人体面对巨大身心压力的时候，大脑会将信息传输到视丘下脑下垂体，随后启动一系列对抗压力的荷尔蒙作用机制，如肾上腺素分泌激增，使人体快速从肝脏将大量的葡萄糖以及从肺脏将大量氧气供给至全身血液中，赋予身体活力以应对突然的紧张状态。对于那些上班族而言，尽管抗压荷尔蒙有助于应付压力的来袭，但长时间这样，抗压荷尔蒙的分泌会疲乏，因而加速体内盐分流失、血糖降低，乃至使人很容易感到饥饿。

日本作家吉本芭娜娜在其成名作《厨房》的开篇中说：“在精疲力竭的时候，我经常会深思默想：不知何时辞别今生之际，我愿意在厨房咽下最后一口气。无论孤身流落寒冷的地方，或是与人共居温暖的地方，只要那里是厨房，我就能够直面死亡，毫无畏惧。”

厨房或许是可以令人们获得些许安慰的地方。下班后忙碌在厨房里，在飘散着油烟味和食物香味的厨房，人会暂时忘记一些处世的艰难，忘记许多烦恼和不愉快。食物除了满足味蕾需要，还能抚慰疲惫和焦躁，甚至给生活带来一些意想不到的乐趣。

事实上，零食也可以有效减轻压力。在日常生活中，我们发现有的人没有零食就受不了。尤其是对于一些女性而言，零食已经成为她们仅次于正餐的物质粮食。相信绝大多数女性都有买零食、吃零食的嗜好，她们经常去超市买大包大包的零食，放在自己的身边，便于自己随时可以拿来吃。她们家里的每个角落都能找到零食的影子，零食成了她们生活的一部分。其实，像这类离不开零食的人，她们的内心是很有压力的。

一位很年轻的女孩去看病，最近四个月，她的体重增加了20公斤，而发胖的主要原因就是吃了太多的零食。

这位女孩，毕业于外地一所综合性大学，四个月之前才来到本地。在这之前，她从未离开父母一个人单独生活，但因为毕业分配，不得不离开父母。对将来怀有很大希望的她，便搬来本地，过着枯燥无味的一个人的生活。

每天，当她从工作单位回到自己的宿舍时，没有人迎接她，只有冷清、黑暗的空房子，晚餐也得自己动手准备，这就是她每天的生活。她难以忍受这极其孤独的生活，因此，当她独自在仅仅只有她一个人的屋子里时，她便会涌起吃的冲动，所以开始乱吃零食，因为，只有多吃零食，心理才能获得平衡。时间长了，就形成一种恶性循环，这次冲动刚平静，下次的冲动便又袭来，于是，她随着自己的冲动不断地吃，到最后一天三餐根本离不开零食。每天，她都会为自己准备很多零食。由此养成习惯后，她更是每天不停地吃零食。

不久后，除了每天吃零食以外，家里的抽屉还必须经常塞满各种零食，否则她就会感到不安。而且，这种离不开零食的习惯，她也带到了单位，办公室的抽屉里经常塞满饼干、面包，只要一有冲动，也顾不得是否上班，马上偷偷拿出零食来吃。难怪四个月内会胖了20公斤。

其实造成其行为的原因，是她离开了父母、独自一个人在外地生活。当心里感觉孤寂时，她找不到别的排遣孤独感的方式，只有靠吃零食安抚自己。所以，很多人在失意、孤单时，都会有吃零食的冲动，严重时甚至会出现暴饮暴食的现象。

尽管我们可以用美食减压，不过还需要选择健康的饮食，切忌暴饮暴食。

1. 情绪不佳可多吃含钙的食物

当我们在遇到不顺心的事、性情急躁、脾气不好时，可选择含钙多的食物，这种食物具有安定情绪的效果。像牛奶、乳酸等乳制品以及小鱼干等，都含有丰富的钙质，吃后会有比较明显的疗效。

2. 心情紧张或慌乱，多吃富含维生素C的食物

当我们受到某些刺激或恐吓，或遇到某些紧张环境，心中产生恐慌时，可多吃些富含维生素C的食品，这些食物具有平衡心理压力的效果。因为，我们在承受某些比较大的心

理压力时，身体会消耗比平时多8倍左右的维生素C，所以应该尽可能地多摄取富含维生素C的食物，像菜花、芝麻、水果等。

3. 聚会不胜酒力，多吃蛋白质含量高的食品

当参加聚会不胜酒力时，心理压力必然很大。这时，可以多吃些鱼虾、肉类、蛋品、豆腐、奶酪等蛋白质含量高的食品，既可以防止醉酒，又能增强营养效果。而且，牛奶会在胃壁内形成一层保护膜，在饮酒之前先喝上一杯牛奶，既能护胃又能缓解醉酒。

减压启示

口欲的满足是人们最基本的一种欲望。当人们感到孤单无助而又苦于找不到其他的消遣方式时，就会激发他们最原始的一种欲望，那就是吃东西。而在这种情况下，美食，就成了他们排遣压力、消除孤单的“利器”。

忙碌的人，无暇痛苦

曾经有一位女士发出疑问：“我每天都感觉到非常忧虑，我该怎么办？”对此，专家表示：“难道你生活中真的

没有其他事情了吗？照顾家庭，或是努力工作，如果你把花费在忧虑这件事上的精力分一大半给其他事情，情况是否会有所好转呢？我相信，保持忙碌的生活，绝对会让你没空去理那些毫无意义的忧虑。”

萧伯纳曾说：“人生之所以活得悲惨，是由于有闲暇时光烦恼自己是否过得快乐。”在生活中，我们千万不要没事找事，不要总想着自己是否快乐，而应马上行动，让自己忙碌起来。忙碌的工作会让一个人觉得时间过得很快，同时还会加速身体的血液循环，让思想变得敏锐。工作的忙碌感会驱散藏匿在内心的忧虑，假如你正在忧虑之中，那就马上找事情做，让自己变得忙碌起来。事实上，这绝对是消除忧虑的最佳方法。

有一次，卡耐基坐车从纽约到密苏里州，在餐车吃饭时认识了一对来自芝加哥的夫妇。

这对夫妇有一个非常可爱的儿子，不过，在珍珠港事件爆发之后，他们的儿子就参军了。那位夫人曾经非常担心儿子的安全，整天都会想：儿子现在在哪里呢？他们在战场吗？他受伤了吗？他是否还活着……因忧虑过度，夫人差点患了抑郁症。

后来，这位夫人将女佣辞退了，她想要亲自来承担家里一切的家务活。不过，她在做这些家务时总是不够投入，只是机械性地完成它们，她的大部分心思依然用于担心自己的儿子，所以好像并没有什么效果。当她在铺床、洗碗时仍旧担心儿子时，她意识到自己应该找一个让自己从早忙到晚的事情做，这样自己才没有空闲的时间去想儿子。于是，她应聘到一家百货公司做售货员。

售货员的工作是异常忙碌的，当她还来不及思考什么，那些顾客就会拥挤在她身边，询问商品的价格、尺寸、颜色等问题，一秒钟都停不下来，她当然无法考虑工作以外的事情。晚上下班后，她所想的不是儿子的事情，而是如何让自己酸痛的双脚休息一下。所以，吃过晚饭之后，她累得倒头就睡，没有时间和精力去忧虑了。

最后，这位夫人说："我很喜欢约翰·考伯尔·伯斯在其著作《忘记不快的艺术》中所说的：'当一个人认真做一项工作时，能获得一份闲适的安全感、内心深处的宁静和因快乐而产生的迟钝的感觉，一切这些都可以令心灵感到欣慰，达到使心灵平静的目的。'"

在现实生活中，大多数朋友在工作或忙碌时可以做到忘记自己、摆脱生活中的烦恼。不过，一旦闲下来，或者下班后回到家里，那些空闲的时间是难以打发的。本来这段时间是休闲的快乐时光，却让内心深处的忧虑趁虚而入。人们开始怀疑人生的意义、总在考虑自己应该怎么做、生活太过于枯燥、今天被上司批评了、自己是不是身体出现问题了。

奥莎·强生，世界最著名的女冒险家，著有传记故事

《与冒险相伴》。可以说，她是一位与冒险缔结姻缘的女人，而且在这个过程中受益诸多。

奥莎·强生在16岁那年嫁给了马丁·约翰逊，并随着丈夫离开堪萨斯州去了婆罗洲，最后定居在婆罗洲的野生丛林里。在过去的25年里，奥莎跟随丈夫周游了世界各国，并将亚洲和非洲即将灭绝的野生动物拍摄记录下来。

他们在9年前回到美国，四处作旅行演讲，放映他们拍摄的专题片。不幸的是，当奥莎与丈夫从丹佛飞往西岸时，乘坐的飞机撞到山，约翰逊先生当场死亡，而奥莎被医生确诊为无法再站立起来，将终生卧床。

奥莎·约翰逊无意中看到了丁尼生在诗歌中吟诵："我必须不停地忙碌以忘记自己过去的伤痛，否则我会精神崩溃的。"所以，令医生感到意外的是，就在3个月之后，奥莎已经坐着轮椅向人们发表演说了，后来，她坐在轮椅上，陆陆续续完成了上百场的演讲。当有人为她为什么这样做的时候，她说："我不停地忙碌，是因为不想给自己痛苦和忧虑的时间。"

英国总统丘吉尔曾说："我太忙了，根本没有时间忧虑。"无暇顾及忧虑，这是丘吉尔的名言。在第二次世界大战期间，在战事最紧张的时候，丘吉尔每天工作18个小时，即便肩负重任，也从不忧虑，因为，用他的话说，他根本没时间忧虑。

减压启示

当我们处于空闲时，心境近似于真空状态，那些原始的情绪，诸如忧虑、恐惧、厌恶、嫉妒、羡慕等就会占据心境的空间，打破内心的平静，如此一来，本来的快乐、乐观情绪就会被驱赶出心境。所以，如果你想改掉自己忧虑的习惯，那必须坚持第一条规则：保持忙碌的生活，忧虑的你必须马上找事情做，否则你只有在绝望中挣扎，最终被忧虑吞噬。

第08章

强健体魄：身体强大心灵才会强大

俗话说：“身体是革命的本钱。”无论是从事哪种职业，还是正处于人生的哪个阶段，拥有健康的身体对我们来说都是极为重要的。如何使自己的身体保持一个健康的状态？这就需要大家掌握一些强身健体的方法，通过小技巧来提高身体的抗压能力。

运动起来，让身体焕发活力

生命在于运动，运动让人们焕发出青春与活力，重显年轻的光彩。在现实生活中，不可否认，运动为我们的生活带来了生机与活力，让我们展现出不一样的激情。随着生活节奏加快，来自生活工作的压力接踵而来，我们的身体开始僵硬了，不再有往日的灵活。也许，有人会问到底是什么造成了这个状况，其实，这就是缺乏运动的后果。运动可以给我们的身体带来诸多益处，它可以化解你心中的压力，大汗淋漓之后，你已经忘记了超负荷的重担；它可以让你的身体得到锻炼，延缓身体各个部分的衰老；它还可以在无形之中增加你身体的抵抗力，让你免受疾病的干扰。总而言之，运动对身体是百利而无一害的。当然，我们这里所说的运动只是适当的运动，而且是健康的运动。如果你没有控制好运动量，又选择了危险、不健康的运动，那么运动只会取得相反的效果。所以，为了保持自己的身体健康，要舍弃懒惰，保持运动的良好习惯，而且要选择一些健康的运动。

实际上，适当、健康的运动不仅能带给我们健康的身体，还会影响到我们的心理。每个人的心理状况、精神状况和身体状况都是三位一体、不可分割的。医学家经过研究发现，运动能使人的身体发生一系列化学变化，运动者身体的血液中会产生一种能让人欢快的物质，即内啡肽，因而有人认为运动可以防治抑郁症发生。

美国人菲克斯曾是一名万米长跑冠军，1997年，他所著的《跑步全书》在美国出版，之后跑步这一运动就风靡了全美国，而且轰动了整个世界。许多人在这本书的煽动下开始了长跑训练。然而，就在不久之后，菲克斯本人竟突然死于长跑途中。跑步，确实给不少人的健康带来了奇迹般的变化，但也使相当一部分盲目追求者成为不合理运动的牺牲者。据说，在长跑与马拉松运动员死者中，死于冠心病者占77.5%，明显高于正常人群。

对此情况，美国一家保险公司曾调查了五千名已故运动员的寿命和健康状况，结果发现他们的平均寿命都比普通人短。运动员经过严格训练，可以激发身体的潜能，较大的运动量也使他们的体能得以充分发挥；但从健康长寿的角度来说，那种较大运动量的锻炼方法并不可取。

适当的跑步运动是健康运动，但运动量较大的长跑运动或者马拉松运动则会威胁到我们身体的健康。另外，诸如登山、赛车、攀岩等一系列危险性较大的运动，其实也不适合普通人，它们都需要运动者具有专业的素养，或者在有最大限度的安全措施而自己又比较擅长的情况下，才有可能避免一些身体上的伤害。其实，如果并非以此为嗜好，实在不建议一个普通人去选择这样一些危险的运动。运动的目的在于保持身体的健康，如果运动本身就有可能给身体带来很大的伤害，那么不如舍弃这些不怎么“健康”的运动。

1. 适度的运动可以保持身体健康

实际上，运动充斥着我们日常生活的每个角落。也许，有人还认为运动必须是穿着运动装出门去进行，那你的观念已经落后了。运动也并不一定是进健身房，它可以是任何时候进行的身体的运动。在现代社会，一些经常性的适度运动可以增进健康，进而维持健康，消耗热量。

2. 爬楼梯也算运动

比如，饭后散散步、溜冰、在家做做清洁、跳舞、爬楼梯等都算是运动，也许有人会问“爬楼梯也算运动吗”，在科技发达的今天，爬楼梯真的算是一项运动。现在，一般的住宅区都有了电梯，虽然这省去了不少麻烦，但一定程度上也减少了身体的运动量，有的人哪怕是住在三楼，也会选择坐电梯而不是爬楼梯。所以，这时候爬楼梯就成了一项运动了。

3. 只要想运动，就有时间运动

其实，只要是做健康的运动，就能对自己的身体起到一个维持健康的作用。如果你想达到防病保健的作用，那每天都要做消耗150卡热量的运动，最好是让运动成为你生活的一部分。有的人抱怨“工作太忙了，哪有时间运动”，实际上，只要你有运动的决心，时间是会有的。坐公交车的时候，提前两站下车，走两站的路程；晚上下班了回家，爬楼梯代替坐电梯；上班坐久了可以伸伸懒腰，走动一下；在家边看电视边做运动或者趁着广告的时间做运动；带小孩出去郊游、逛街。当然，运动的时候，要舍弃那些不“健康”的运动，养成良好的运动习惯，以使自己的身体保持健康的状态。

减压启示

运动对于我们的身体来说是至关重要的，但是我们在运动时还需要保持适量。运动量过大，有损健康；运动量过小，则不足以达到锻炼的目的。因此，掌握适度的运动量，才能有益于身心健康。另外，你所选择的应是健康向上、远离危险的运动，这样才能有效地达到运动预期的目的，使身体保持一个健康的状态。

健康饮食，健康减压

自古“民以食为天”，“吃”的文化在中国是全民普及、人人嗜好的。中国的饮食一向以清淡、营养为主，讲究“色香味”俱全。古代很多人没钱拿药看病，都是靠“食疗”来滋补身体。食物是每个人每天都要接触的、最直接的营养和能量摄入途径，也是从内而外调理身体的根本环节。然而，自从欧美一些快餐文化进入中国后，油炸食品、高热量食物大量占据了中国人的餐桌，再加上快节奏的生活步伐、缺乏足够的锻炼，人们的体质变弱不说，高血糖、高血脂等病症的比例更是大幅度增加。

人类对“食物”的需求，从最早的“果腹”，发展到今天，已经成为一种文化、一种享受，这是时代的进步，也是人类的进步。除了人本身的“胃”所传达的饥饿感之外，心理因素的影响也是不容忽视的，比如：食物对人的感官刺激，色、香、味俱全的食物往往更能引起人的食欲；也有些人对食物有自己的喜好和需求，对于他们喜好的食物就会多吃一些，对于他们不喜欢的，可能会表现出排斥和放弃进食的行为；还有饮食习惯、饮食氛围和饮食文化等，都会促使人们产生各自不同的饮食需求。所以，我们在选择食物的时候，不能单单被自己的习惯所束缚，要均衡营养，更要吃得舒心、愉快。

心理专家说：当一个人的心理压力过重、情绪欠佳时，体内所消耗的维生素 C 会比平时多八倍。此时应该多吃一些富含维生素 C 的新鲜水果和蔬菜，或者服用适当的维生素 C 片，这样会有助于预防精神障碍，使心情得以好转。而像粗粮、谷类、动物肝脏和水果等，对缓解不佳心情、沮丧、抑郁症都有很好的效果，这些食物中富含大量的维生素B，其中包含的烟酸能有效减轻焦虑、疲倦、失眠及头痛症状。当你忽然遇到某件事想发脾气的时候，吃一些富含钙质的食物，如牛奶、乳酪、鱼干及虾皮之类，或者直接服用肠道容易吸收的钙片，过不了多久，你便会感到自己的脾气渐渐变得好了起来。

王强是一个头脑聪明、敢于吃苦的人，在社会上打拼了几年之后，他开始自己创业，很快就拥有了自己的公司，并且迅速发展壮大起来。身为公司董事长的他尚未满四十岁就成为亿万富翁。然而，正当他家庭事业一帆风顺的时候，他因病住进了医院。

原来，在他创业的时候，他曾经没日没夜地工作。这种对自己身体的极度透支，埋下了健康的隐患。经过专家会诊，他必须动大手术。但是，手术效果如何，院方也不敢保证。他们敢保证的是，如果不做手术，他只有半年的时间可活。当这位病人声称愿意用自己所有的财富来换取健康的时候，已经晚了，因为健康是无价的，也是任何东西都无法换取的！

很多人都有这样的经历，每次心情不好，无处发泄，就会拿食物来出气，一方面大吃特吃，另一方面又不注意量的多少，结果到停下来的时候已经撑得不行了。再者，心情失落的人总是喜欢吃一些口味重的食物，这种高糖或者高盐的食物本身对人体就是一种伤害。所以，无论处于多么生气的状态，都要控制自己的食欲。如果真的很想吃东西，可以选择一些能够改善低落情绪的食物，如水果和清淡的流食。

人们在开心和不开心的时候，都喜欢用吃东西的方式来庆祝和解压，这个时候也往往是人的思想最松懈的时候，很容易打破自己平时养成的好的饮食习惯，转为暴饮暴食。怎样控制负面情绪对饮食的左右呢？

1. 出门快走

美国加州大学的一项研究认为，爱吃零食的人如果在担忧时快走上5分钟，他们对于零食的注意力就会大大分散，因为快走能提高血液中的复合胺含量，使人心情愉悦，从而有效缓解焦虑。只需要短短5分钟，就能抑制住自己暴食的冲动，何乐而不为呢？

2. 学会放松自己

美国俄勒冈大学健康与科学系的最新研究发现，超重的女性如果每天通过各种方式放松一下自己，如冥想、做瑜伽或者写日记，那么，无须刻意节食，一年半以后，她们平均会减掉10斤左右。医学专家们认为，这可能是因为这些自我放松的方式就像一个缓冲器一样，能帮助缓解压力，使她们不会吃得过量。

3. 掌握过度饮食时间

美国北卡罗来纳大学查普希尔分校的一个专门针对暴食者的研究项目认为，人最容易暴食的时间是清早和快到傍晚的时候，因为这段时间通常是人体紧张和压力感最强的时候。所以，想要控制饮食，这段时间最好远离厨房和一切能找到食物的地方。

4. 保持健康饮食

营养师建议：早餐吃饱为好，应吃豆浆或牛奶，外加一个苹果，千万不要吃油条，尽量少去早餐店吃饭，在家弄点全麦面包或馒头、花卷、小菜；午餐有条件的话可以吃点鸡、鱼、粗粮；晚餐六七分饱就可以，但一定要杜绝油炸食品而且不要喝酒，睡前可以喝点牛奶或红葡萄酒。

减压启示

心理学家研究发现，人的心理状态和情绪都会对人的饮食产生影响。尤其是女性，本身就拥有着比男人更丰富的情感，对周遭环境也更敏感，情绪起伏比较大，所以更容易从饮食上下手。所以要平和自己的心态或者及时缓解压力。

一杯花茶，舒缓内心所有不快

茶是中国传统文化的经典，中国人历来对茶情有独钟，品茶也品出了茶文化。或许，每个人都有品茶的经历，却很少有人把品茶当作自己生活的一部分。其实，品茗茶也是一种生活情调，是每个人都需要去培养的一种生活习惯。尤其是花茶，更有舒缓压力的作用。千万不要因为它的青涩之味而敬而远之，也不要因为它的简单朴实而避之，以平和的心境，才能品出茶香之味来。在闲暇之余，静静地为自己沏一杯澄净的花茶，茶味悠远，意味更悠长。只需一个杯子、一撮茶叶、一壶沸水，即能构成极富情趣的生活。当沸水注入杯中，便唤起了那干瘪茶叶的生命之源，它们随着缓缓流入的水尽情舞蹈，享受着水给予的滋润，慢慢浮出水面。茶杯里，一个情窦初开的少女舒展着优雅、婀娜的身姿，缠绕着绿的柔美，那绿晶莹剔透、那绿清清爽爽。所以，要学会品花茶，体会那醇厚的甘甜。

从来佳茗似佳人，女人如茶。茶需要慢慢体味，而女人亦是；茗茶有醇香，女人有韵味。佳茗与佳人从此有了不解之缘。《红楼梦》里，《贾宝玉品茶栊翠庵》一章，庵主妙玉以旧年蠲雨、梅花雪液烹茶待客，“六安茶、老君眉、体己茶”，单这名字就令人无限遐想，再加上“海棠花式雕漆填金云龙献寿小茶盘、成窑五彩小盖钟、一色官窑脱胎填白盖碗、绿玉斗、九曲十环一百二十节蟠虬整雕竹根大盏”等茶具，那绝美的茶道，那精美的茶器，令人感受到茶的清雅韵趣。闻着那芳香氤氲的茶气，即便是没有亲口品味，也已觉得齿颊留香。

花茶，令人回味无穷，品茶就像品味人生一样，在经历了风霜雨露的洗涤之后，最终会走向鲜花芬芳的成功之路。阳春三月，就着斜阳，凭栏眺望，嗅着茉莉的清香，在春风中深深地沉醉；夏天的六月，最适宜微苦的苦丁茶，苦味之后的甘甜会扫除你心中的烦躁；十月，一杯温厚的毛尖，让你品味秋的韵味、秋的欢快、秋的悲凉；初冬，一杯香茗，带给你阵阵暖意、点点快乐、滴滴幸福。

中国的茶文化源远流长，自古就有“斟茶要七分满”之说，这是礼仪，更是一种茶道。品茶也有讲究，“天生成孤僻人皆罕”的妙玉说：“一杯为品，二杯即是解渴的蠢物。”如果你仅仅把茶用来解渴，那你就辜负了茶叶、茶具。茶，本身就充满了雅味，茶且品，便觉雅到了极致。品茶之美，在于它的幽雅恬静，宁静的午后，沏一壶清香的绿茶，淡淡的茶香沁入心脾，蒸腾的热气迷住双眼，茶叶在壶中摇曳，弥散亦迷离。

花茶之所以如此受到人们的喜欢，不但因为它本身的保健养生的功效，还因为它自身带着一股浪漫温馨的气息，令人如同置身在田园中，从而缓解现代快节奏生活给人们带来的压力感。

1. 电脑族必备枸杞茶

枸杞茶有明目、养肝肾、抗疲劳的效用，对于长时间坐在电脑面前的人非常适合。放入十几粒枸杞，加热水冲泡饮用，连续饮用两月便会有效。

2. 防辐射必备胎菊花

胎菊花是杭白菊中最上品的一种，具有抗氧化、解除疲劳、收敛毛孔、养肝明目、清心补肾、调整血脂、去湿的作用。

3. 养肺茶紫罗兰

紫罗兰具有祛痰止咳、润肺、消炎、保护支气管的效用，尤其适合吸烟过多者饮用。同时，它能保持呼吸黏膜的顺畅，可以解毒、调气血、消除疲劳。

减压启示

品茶，是繁华落尽之后的落英缤纷，是年少浮躁之后的平淡真切。茶味甘甜醇香，浓而不腻，淡而不俗，流淌在空气中，轻轻回响在心田，透明、空灵、清幽。一杯花茶，可以令自己心静如水，坦然面对现实生活的重重压力。

做个SPA，全面放松你的身体

在平时生活中，我们常说的压力，不但是精神上的，当压力来袭的时候，我们的身体也会出现一些敏锐的反应，比如，有的人会感觉到胸闷、气短；有的人会感觉到头昏脑涨；有人感觉自己全身紧绷，好像穿了个盔甲。在平日里，当演讲等重要事情发生的时候，或者置身于一些忽然而至的紧张情境时，人们的身体常常会发出以下的信号：心跳加速、呼吸紧迫、手足冰凉、注意力不集中、思想混乱迟钝，有的甚至会出现短暂的失忆。当这些情况出现时，大部分人会觉得是因为自己心理素质不好，总觉得别人是不会紧张的。其实，大部分人在遇到同样的情况时都会感觉到紧张，那些看上去不紧张的人，往往是出于一种自我保护的本能而努力掩饰，所以让人看不出来。

其实，诸如紧张这些情绪，都是属于正常的生理心理应激反应，不过通常身体素质比较好的人能够在短时间内恢复，或者通过一些心理调节方法恢复平静，但少部分心理素质差、身体素质较差的人则需要给身体减减压，分散一下紧张的情绪，减少内心的压力。

冥想原本是宗教活动中的一种修心行为，如禅修、瑜伽、气功等，但现今已广泛地运用在许多心灵活动的课程中。同时，练习冥想也可以改进注意力并缓解工作压力。如果感到压力大、情绪不好，不妨试着练习一下冥想。

方法：身体任意放置，无论什么姿势都可以，但四肢要放松，不能让身体用力，也不能让身体有任何压迫、刺痛等感觉。感受自己的呼吸，想象能量通过耳朵传到大脑，每一次呼吸，都有一股能量从耳朵进入，传到大脑。大脑产生一股放松感，似乎一股冰凉的力量从大脑内部爆发开来，使得整个大脑清爽、纯净、放松。随之让自己的身心慢慢放松下来。

冥想可以缓解压力，是因为冥想要求我们放慢呼吸、放松身体。当我们放慢呼吸，心脏适应其速度后，就会随之放慢跳动节奏。而心脏的每次跳动都会使血液流通全身，跳动的频率放慢，对脑部的供血也会改变，从而实现对情绪的某些影响。一般人只要每天有意识地放松自己，在静息状态下调整自己的呼吸速度，都能达到缓解压力、改善情绪的效果。

事实上，除了冥想之外，我们还可以通过其他途径给身体减压，诸如按摩、泡温泉、足浴等，我们可以在工作之余去尝试这些减压的方式。给身体来一个全方位的SPA之后，你会顿感神清气爽，精神百倍，自然有抗压的体力了。

1. 泡温泉减压

在人们的印象里，日本人工作都是非常勤奋的，以至于有了“干活不要命”的说法，其实他们也是一个会享乐的民族。如泡温泉，日本人泡温泉不是单纯地为了洗浴，而是将其发展成一种文化消费。每逢周末或假日，日本人就成群结队地去往温泉地，一边品尝甘醇的日式美酒，一边享受温泉带来的舒适。

2. 享受一次SPA及精油按摩

按摩是最能释放压力的方式，而精油按摩能在放松的同时呵护肌肤、调理身心。去做SPA时，要留意环境是否安全、卫生、干净，如果不想舟车劳顿，最好选择交通便利的地方。

3. 足浴减压

随着现代科技的发展，越来越多的人都投入到高压力的工作之中。随着工作科技化的到来，很多人在繁忙的工作中发现自己的身体越来越差，亚健康状态也随之而来。为了摆脱这种状态，或者是为了缓解工作的压力，很多白领都会选择做足疗。如今，足疗已经成为一种健康养生的新选择。

4. 平躺

当你感觉非常累的时候，不妨平躺在家里的地板上，尽可能将身体拉直。假如你想翻身，那就翻身。这样每天持续两次，你就可以感觉到效果。

5. 闭着双眼

强森教授建议："想象阳光正在照耀着我们，眼看着一望无际的蓝天，一片宁静的大自然，我就好像是大自然的孩子，也可以与宇宙的安静保持一致。"所以，感觉疲惫的时候，可以在家里尝试着闭着双眼想象向往的美景。

6. 坐在椅子上

假如忙碌的事务让你没时间躺下来，那么你也可以选择坐在一张椅子上，这样所收获的效果是差不多的。你可以选择一张很硬的直背椅子，如同古埃及人那样直接坐在椅子里，双手慢慢放松，手掌向下，然后将你的双手向下平放在自己的大腿上，渐渐地，你就放松了。

7. 放松全身

先慢慢将你的10个脚趾头收紧，然后慢慢将它们放松；先收紧你的腿部肌肉，然后再慢慢放松……慢慢朝上，收紧各部分的肌肉，然后再慢慢放松，最后直到你的颈部肌肉放松。在这个过程中，你需要不间断地对自己的肌肉说："放松……放松……"

8. 规律的呼吸

印度的瑜伽术中提倡的规律的呼吸实际上是缓解神经紧张的最佳方法。我们可以用很慢很稳定的深呼吸来稳定自己的情绪，从丹田吸气，这样有助于自己获得平静的心情。

9. 不要紧皱眉头

可以对着镜子看看自己的皱纹，想象抹平脸上的皱纹，松开自己紧皱的眉头，不要紧闭着嘴巴。每天两次，坚持下去或许你根本不需要上美容院就可以让脸上那些讨厌的皱纹消失不再。

减压启示

过度疲劳造成的不良应激可能一直持续数周或数年，使得儿茶酚胺对身体和思想造成巨大破坏，产生各种交感神经超负荷症状，包括肌肉痉挛、胃肠道不适、呼吸浅快、心率加快、出汗、无明焦虑、惊恐发作、眩晕、疲劳感和眼光敏感。所以，面对过度疲劳造成的不良应激，不妨给身体来一次全方位的SPA。

格子间里的减压操

我们在事业取得成功的时候，也千万不要忽略了职业所带来的疾病困扰，要时刻关注自己身体的变化，学会呵护自己的身体健康。其实，任何职业都会有一些关联性的疾病困扰，这些或多或少的疾病被称为职业病。即便是那些身体强壮的男性也不能幸免于职业病的干扰。因而，对于每一个上班族来说，当你踏入职场的那一刻，除了担心自己的工作，同时还需要时刻关注自己的健康状况。可能你是坐办公室的白领一族，可能你只是一个到处奔波的业务员，可能你每天和粉笔打交道，可能你整天都以站的姿态工作，但无论你从事何种工作，都不要忽略了职业病的侵扰。即使是那些在大家看来“工作轻松”的办公室丽人，也会患上不同程度的职业病。所以，每一个上班族都要摒弃忽视身体的态度，学会呵护自身的健康，这样你才有精力去挑战无限的未来。

也许，你年纪已经不小了，拥有了体面的工作、丰厚的薪资，但是，你是否依旧整天在为工作而担心？请别再把工作当成生活的一切了，应该学会为健康做一些事情，让自己每一天都过得年轻而富有活力。毕竟，身体才是你工作的本钱，有了健康的身体，才有了成功事业的坚实基础。

人在28岁以后，身体内的钙就开始以每年0.1%~0.5%的速度流失，如果不及时补充，更年期以后就容易出现骨质疏松、骨质增生等疾病；另外，一些长时间坐在电脑前工作的人，也容易发生便秘；由于早上时间紧张，或者为了减肥，许多职业女性把一天中的早餐给省略了；有的人在下班后经常忙于应酬，深夜才回家睡觉，睡眠不足也会影响身体健康；从事办公室工作的职业女性，由于经常坐着、缺乏运动、会导致身体发胖、身材走形。由此看来，上班族的健康问题不容忽视。每一位职场人士都要及时地关注身体的健康，爱护自己，使自己成为健康的职场人。

王小姐是某外资公司的人事负责人，每天都要使用10小时左右的电脑，手机则是主要联络工具，因此，她长期处于一种低幅射的状态中。在经过了一天忙碌的工作后，晚上，她有时候会去酒吧和朋友们放松一下，不去酒吧的时候喜欢在家里上网。她说自己是个夜猫子，每天用来休息睡觉的时间很少，到周末，就好好恶补一下睡眠。虽然自己很关注身体的健康状况，也买了几瓶直销的保健品，但最近她总感觉肩部疼痛难忍，非常不舒服，头晕，工作也没有精神，晚上睡觉也不太好，另外，还经常感觉到腰部疼痛。她的腰曾经有一段时间不舒服，去一家盲人按摩院按摩后有所好转，就没放在心上。直到现在，她才意识到问题的严重性。她向上司请了假，专门去医院体检了一次，才发现自己身上已经出现了多种职业病的症状。看着那密密麻麻的报告书，王小姐十分吃惊。

像王小姐这样长期在办公室坐着工作的人，几乎都被某种甚至多种职业病困扰着。而颈部不适、头晕、肩部疼痛，甚至心慌、易出汗、上肢酸麻无力等，其实都是颈椎病的症状。另外，她整天处于一个辐射的环境中，短期来看，不会有什么事，但现代科学发现，长期处于这种辐射中的人患恶性肿瘤的概率比一般人高。长期透支身体的工作和玩乐会使我们的免疫力降低，而免疫力低下的人患重大疾病的概率很高。也许，王小姐的情形只是大多数职业女性的一个缩影。

1. 忙里偷闲打个盹

对于每天忙碌的上班族而言，睡眠时间不足是常有的事，这种情况下，就要学会抓住一切的机会打盹。当然，打盹只需要10分钟左右，就能达到恢复精神的效果。在家里、在办公室、在坐车的途中等，都可以忙里偷闲打个盹。

2. 按摩肩膀和脖子

感到累了就闭上眼睛休息，用手指尖用力地按摩前额和后脖颈处，有规则地向同一个方向旋转。这种简单的按摩方式可以让自己身体的酸痛减缓。或者在忙碌工作的空闲时间里用一些身体的伸展运动让全身的肌肉得到放松，这对于消除紧张也非常有效。

3. 深呼吸

刚开始时，快速进行浅呼吸。然后，为了更放松，慢慢吸气、屏住气，再慢慢呼气，在每一个阶段各持续八拍。当自己在家里的时候，可以练习一下腹式呼吸：平躺在地板上，身体自然放松，紧闭双目。呼气，将肺部的气全部呼出，腹部鼓出，然后紧缩腹部，吸气，最后放松下来，让自己的腹部恢复原状。

4. 放松背部

坐着将背脊挺直，深吸一口气，将双臂敞开向上伸展。接着呼气时渐渐将身体向后弯曲，此时手臂维持不动。保持这个动作几秒钟之后，将手臂慢慢放下滑过身体两侧，这个动作可以重复做几次。

减压启示

其实，上班族还存在着许多身体上的健康隐患，需要相应的方法来解决健康上的问题。可能，有时候你会感觉到自己头一跳一跳地痛，并伴有眩晕的现象，对此，你可以试着放松心情和身体，做一些舒展运动；有时候你会觉得颈部僵直，双肩酸麻，对此，你可以在每天睡觉前洗个热水澡，缓解肌肉所承受的压力；有时候你还会感觉到没有食欲，吃什么都反胃，对此，你可以服用适当的胃药，每天多让身体休息。

第 09 章

忙中偷闲：给自己放放假

近几年，明星劳累过度患重病、白领精英猝死等新闻常见于诸媒体，而不管是上班族还是家庭主妇，每天都必须面对巨大的生存压力。减压很困难吗？其实，只要我们懂得忙里偷闲，不但可以释放压力、舒缓紧张情绪，还可以大大地提高做事的效率。

闲暇时光，约上三五好友

从弗洛伊德时代开始，心理分析家就知道，假如一个病人可以开口说话，仅仅是将话说出来，那他心中的忧虑就可以消除。心理学家表示，当一个人说出自己的忧虑之后，就可以更清晰地看到身上存在的问题，就可以看到更好的解决方法。或许，这其中的奥秘是无法被探知的；不过，几乎每个人都知道，将心中的烦恼倾诉，或者发泄一下胸中的闷气，马上就会让人感到浑身轻松。

英国思想家培根："如果你把快乐告诉一个朋友，你将得到两个快乐。而如果你把忧愁向一个朋友倾吐，你将被分掉一半的忧愁。"分享，是一件有趣的事情，可以让我们的快乐加倍，让我们的痛苦减半。当你发现自己被那些怒气缠绕，而且无力摆脱的时候，千万不要将它憋在心中，要学会宣泄情绪，学会向知己好友倾诉心中的烦恼，让自己摆脱闷气的缠绕。面对不良情绪，唯有主动释放、理智宣泄，否则，后果将不堪设想。

快到凌晨了，李太太家里的电话铃声突然响了起来，李太太拿起电话："喂，你是哪位？"电话里传来了一个妇女的声音："我恨透了我的丈夫。"李太太感到莫名其妙："我想，你打错电话了。"但是，对方似乎没有听见，依然继续说下去："我一天到晚照顾两个孩子，他还以为我在偷懒，有时候我想出去见见朋友，他都不肯，自己却天天晚上出去，跟我说有应酬，鬼才会相信呢！"李太太打断了对方的话："对不起，我不认识你。"那位妇女生气地说："你当然不会认识我了，这些话我怎么能对亲戚朋友讲，到时候肯定会搞得满城风雨，现在我说出来了，舒服多了，谢谢你。"随后，那位妇女就挂断了电话。

虽然这位妇女的做法显得十分荒唐，但是，我们可以从中发现，一个被不良情绪所困扰的人，他其实很想把心中的忧愁和苦闷倾诉出来，哪怕对方只是一个陌生人。在电影《2046》里，梁朝伟将自己内心的秘密对着一个树洞倾诉，由此，我们不难发现，每个人都有一种倾诉的欲望。有时候，心中的烦闷可能是关于隐私之类的话题，对此，我们该怎么办呢？事实上，我们应该明白，在任何时候，知己好友都是我们心灵的伴侣，在朋友面前，又有什么可丢脸的呢？当然，向朋友倾诉自己的烦恼时，我们需要选择值得相信的朋友。

在生活中，当我们遭受工作或生活上的烦恼时，不妨寻找一个人聊聊天、诉诉苦。当然，我们所找的聊天对象不能是随便从大街上拉来的人，我们要寻找自己信任的人，这样才可以放心地将自己心中全部的苦水和牢骚说给对方听。当我们遭遇烦恼之后，我们可以寻找一个信任的人，与他约好一个时间聊天。当然，这个信任的人可以是亲人、心理咨询师，也可以是律师，我们可以对他说："我希望你能给我出出主意，我现在遇到烦恼的事情了，我希望你能听我说说，然后给我出出主意。或许，你站在你的立场可以给我一些忠告，看到一些我自己不曾发现的问题。当然，即便你无法给我一些意见，只要你愿意听我诉苦，我就非常感激了。"

当然，除了与朋友聊聊天，还可以尝试以下的方法：

1. 寻找适合自己的座右铭

你可以准备一本笔记本或是剪贴簿，然后寻找一些鼓舞人心的座右铭，包括诗句、名人的格言等。当你感到烦恼或者精神不振的时候，可以看看这些座右铭，然后你会觉得情绪得到了一定程度的缓解。

2. 对他人感兴趣

你可以在公共汽车上为自己所看到的人虚构故事，假设这个人的背景和生活情况，假设对方的生活是怎么样的。慢慢地，遇到脸熟的陌生人时，你可以主动凑过去聊天。所以，在生活中，对那些与自己一同生活在一定范围的人，需要保持一种友善的态度，以及一种适度的好奇。

3. 不要为别人的不足担心

在生活中，千万不要为别人的缺点而操心，假如你希望对方是一位圣人，那估计他也不会认为你是完美的。假如家庭主妇觉得自己嫁错了人，也不妨尝试这种方法。或许，当你发现他的优点之后，你会庆幸自己嫁给了他。

4. 上床睡觉之前，计划好明天的事情

在前一天临睡前计划好第二天需要做的事情，可以在很大程度上缓解我们的忧虑情绪。因为，当我们真的这样去做了之后，会发现自己可以完成许多事情，却感觉不到一丝的疲惫，甚至会因为想到自己竟然完成了这么多的事情而感觉有些骄傲。当然，剩下的时间可以好好休息或者梳妆打扮一下了。

5. 使自己放松

放松，是避免疲劳和紧张的唯一途径。对各位女士而言，想必再也没有什么比紧张和疲劳更容易使人衰老了，而且，紧张和疲劳会令女人变丑。如果你是一位家庭主妇，那么，最重要的就是学会如何放松自己。当然，经常在家里做家务的主妇们有一个很大的优势，那就是随时可以躺下来。家庭主妇们完全可以躺在地板上，其实，地板比床更利于放松自己，而且硬邦邦的地板对脊椎骨有很大的益处。

减压启示

朋友对于我们来说，无时无刻不在，只要我们需要他们。当自己遇到了不顺心的事情时，可以拨打电话给朋友，向他们道出内心的烦闷，甚至可以在朋友面前发怒、哭诉，尽情宣泄心中的不良情绪。

拨弄花草，烦恼自然淡忘

生活中，其实每个人都生活在自己的围城里，巨大的竞争压力使人们渐渐忘记了自我欣赏和肯定，进而迷失了寻找自我意识的目标和方向。事实上，快乐是一种由心而生的乐观心态，它来源于人们克服困难的勇气和对生命归宿的信仰。在现实生活中，我们常常有这样的感叹：人际关系常常让我们身心疲惫，因为人心是复杂的。在与人相处的过程中，我们需要考虑到别人的心理，甚至在某些时候，为了顾及到别人的感受，反而弄得我们自己身心疲惫，最终受委屈的往往是自己。所以我们才会说“做人难”，难就难在我们需要更多地考虑到别人的心理。我们总是想到别人，而无视自己的感受，长此以往，自然会觉得累。在这样的情况下，我们需要学会调适心情，只要让自己的生活变得简单，自然也就快乐多了。

好朋友读了研究生，但她最大的愿望就是开一家花店。或许，对于这样的愿望，不少人会满脸不屑："都上了研究生了，怎么还会有这样幼稚的梦想呢？"对此，好朋友道出了内心的苦闷："我觉得与复杂的人和事打交道会让我身心疲惫，我就是我，我不会因为什么而变得圆润，为什么要让自己那样累呢？相反，如果我整天与花花草草打交道，不仅不会累，还可以将它们当成自己最好的朋友，向它们诉说自己的烦恼，那样的生活岂不是太美好？"听了朋友的话，许多人陷入了深思，在现实生活中，多少人为了所谓的事业而昧着良心做人，又有多少人因事业而变得世故圆滑，他们在取悦别人的同时，也丢掉了本真的自己。到最后，他们变得连自己都不认识自己了。所以，在生活中，我们更需要以花草鸟鸣来调节心情，在简单清静的世界里，寻找心灵最初的快乐。

杨大叔是村里出了名的"乐哈哈"，因为他几乎在每个时刻都是面带笑容，偶尔还会跟邻里乡亲开几句玩笑。如果你了解他的生活，你就会知道他的心情为什么总是这样好了。

在杨大婶的眼里，杨大叔是不学无术，总是摆弄那些花花草草、鱼儿、鸽子什么的，能变出几个钱呢？农村里朴实的妇女，她们的想法总是这样简单实在。但杨大叔总是说：

“你不懂得啦，这是生活，这是情趣。”每次吃了饭，他总是先上楼看看笼里的鸽子，摸摸它们的羽毛，搂着它们，仔细观察它们的眼睛，嘴里还嘀咕着：“这只鸽子可是好品种，它的妈妈可是信鸽，等它长大了，我也带着它去参加比赛。”放下它们后，他还会在一边观察它们很久才依依不舍地离开。

除了鸽子，杨大叔最大的爱好就是摆弄花花草草，他很喜欢将那些树枝弄成奇怪的形状，马啊，羊啊，龙啊。每每有朋友拜访，他就带着他们去参观自己的植物园，并在一旁骄傲地介绍：“这是紫荆花，这是茶花，这可是我嫁接的，从小将它们固定成一定的形状，它们长大之后就是这个形状。这跟我们平时教育孩子是一个道理，在孩子小时候就需要多花心思，把他们教育好，培养他们良好的习惯和性格。如果小时候不教育好，长大之后再想教育，那是不行的。像这些小树苗，在它们幼小时不弄成形状，长大之后你再想对它们塑形，那肯定会折断树枝的……”看来，杨大叔不仅种出了乐趣，还种出了心得。

有时候，跟杨大婶闹别扭了，听着杨大婶的唠叨，大叔也不生气，只是笑呵呵地去看自己的花花草草。实在无聊的时候，他就跟家里的小猫小狗说话，嘴里直嚷着：“猫咪，别懒了，你看太阳都照到屁股了，还在睡觉，快去看看屋里藏着老鼠没，快去，抓到了老鼠，晚上有红烧肉作为奖励。”也不知道小猫是听懂了，还是明白了他的意思，竟然真的撑腰起来，到屋里活动去了。

杨大叔是幸福快乐的，因为他拥有一个属于自己的世界，在那个世界里，没有烦恼，没有忧愁，有的只是娇艳的花儿、青翠的树木、调皮的小猫、乖巧的鸽子、忠实的小狗，没有人事复杂的劳累，所以，杨大叔才能那么一直乐呵呵地活着。试想，那些终日被功名利禄所劳累的人们，如果他们看见了杨大叔的生活，是不是也会心生几分羡慕呢?

减压启示

生活中，来自大自然的花草鸟鸣，给我们带来几分清新和快乐，让我们的心灵感受到一种前所未有的简单之美。在花草鸟鸣中，我们的心灵不再沉重，有的只是无限的快乐，以及祥和的心境。

抓住零碎时间，让生活更充实

塞涅卡说：“人类最大的敌人就是胸中之敌。”在现代人的字典里，“空虚”这个字眼所蕴含的重量似乎越来越重，许多上班族都有这样的经历：“我有工作，但是，整天什么事情都不想干，总是提不起精神，面对着电脑，也不知道自己要做些什么，真不知道以后的日子该如何走下去，心里空虚得要命。”空虚，是一种消极的状态，它使人们不能明确自己的目标，不知道今后的路该怎么走。更严重的是，在这样的心理状态下，压力很容易“钻”了空子。人们常常因压力而胡思乱想，把怒火撒到其他人身上，还自认为生气是很有道理的。所以，如果你是一个空虚的人，你就要时刻警惕，不要让自己掉入压力的陷阱。

在生活中，人们往往拥有着不同的心态，有的人乐观，有的人悲观，乐观的人情绪平和安静，而悲观的人则很容易情绪波动。其实，空虚本身就是一种悲观的心态，空虚的人很容易陷入自我休眠中，因为找不到前方的路而迷失自我。他们心中没有前进的方向，没有心灵的归宿，因而，他们总是花很多的时间和精力来想一件事情，哪怕只是一件微不足道的事情，想着想着，就想出压力来。心里的无力感让他们有了诸多不安的情绪，在很多时候，他们自己也很想从空虚感中挣脱出来，可是，越是空虚，越是容易感到压力，越是感到压力，越感到前途渺茫。在这样的恶性循环中，情绪越来越汹涌，并渐渐主宰了他们。

小杨和男朋友相恋一年多了，可是，这段感情一直遭到父母的反对。在这个气氛尴尬的夜晚，父亲在电话的那头生气地说道：“你要是再这样下去，就永远不要回这个家了。”电话放下后，小杨心都凉了大半截，未来该怎么办呢？和男朋友分手，接受那个家人介绍的对象？坚持自己的选择，为了男朋友而远离家人？路有千条万条，可小杨就是不知道自己该选择哪一条。

白天，男朋友上班了，小杨一个人待在家里，总想找点事情做，可是，内心的那种无力感和空虚感不时袭来，她觉得浑身都没劲，就想一直沉睡，至少睡着了就谁也打扰不了她了。偶尔，思绪万千的时候，她也会想起与男朋友诸多的不合适，以及父母的担忧，越想心中越是焦虑。有时候，想着想着，她就暗暗下决心：“今天晚上和男朋友说分手的事情，一定不能心软。”于是，等到男朋友回家的时候，小杨心中的怒气就上来了，尤其是看到某些自己不能认同的行为时，小杨更是怒火中烧，大声斥责：“我们结束吧，我不想继续了。”这样的情景不是一次两次，而是多次，每次小杨独自一个人在家里，由于内心的空虚与混乱，她总会胡思乱想。男朋友也感到很疲惫了，偶尔，他也会劝小杨：“没事就出去透透气，不然，在家里迟早会闷出病来。”小杨内心里相当清楚，自己确实是因为空虚而感到压力的，可是，她常常克制不住自己，也不知道自己到底该怎么办。

小杨内心的空虚，让“压力”钻了空子，结果，她自己好端端地多了那么多的坏情绪。在人生的旅途中，成败得失，恩恩怨怨，乃至空虚寂寞，始终伴随着我们。如果我们总是把这些伤心的、烦恼的、无聊的事情记在心中，无异于背上沉重的包袱，套上无形的枷锁，同时，也会让郁积在心中的不良情绪有了可趁之机。

有时候，为了摆脱空虚，人们会沉浸到另外一种空虚的生活中，漫无目的地游荡、闲逛，消磨大好时光，因此，空虚所带给我们的，是百害而无一利。

那么，面对空虚，我们该怎么调整自己呢？

1. 有理想

俗话说："治病先治本。"空虚的产生主要源于对理想、信仰以及追求的迷失。知晓了空虚产生的根源，我们就要对症下药。树立远大的理想、拟定明确的人生目标，这就是消除空虚的最有力的武器。当然，这并不是说你树立了目标空虚就被驱赶走了，只有当我们坚定地朝着自己的目标前进的时候，空虚才会慢慢地离我们而去。

2. 提高心理素质

有时候，两个人即使是生活在同一个环境中，由于心理素质不同，其结果也会不同。有的人遭遇了一点点挫折就偃旗息鼓，他们很容易陷入空虚中；而有的人面对困难时则丝毫不畏缩。所以，提高自我的心理素质，也能够将空虚及时地消灭，不给它进一步侵蚀心灵的机会。

3. 保持一份热情

生活本身是美好的，主要是看我们以怎样的态度去面对它。对生活缺乏热情的人，他们心中只有空虚，以及百无聊赖的寂寞；而那些对生活充满了热情的人，哪怕只有蓝天白云、高山大海，他们依然会积极地去感受大自然的美丽。当那份热情填补了生活的空白，你哪还有精力和时间去空虚呢?

减压启示

从心理学角度说，空虚是一种消极情绪。那些空虚的人，无一例外都是对理想和前途失去信心、对生命的意义没有正确认识的人。他们对现实消极失望，以冷漠的态度来对待生活，遇人遇事就摇头。然而，当你的生活被不断地充实起来，压力就无处遁形了。

因人而异，找到属于你的减压方式

法国作家大仲马说：“人生是一串无数的小烦恼组成的念珠。”在日常生活中，烦恼、怨恨、悲伤、忧愁或愤怒等不良情绪都是常见的情绪反应，这些都容易成为内向者的典型情绪。内向者生闷气的时候，实际等于整个人都陷入了不良情绪之中，容易产生孤独感和抑郁感，失去积极进取的精神。总而言之，生闷气会让一个人变得郁郁寡欢，因此，我们需要寻找让自己放松的方式。

培根说：“无论你怎样表示愤怒，都不要做出任何无法挽回的事来。”美国前总统林肯如果在外面和别人生气了，回到家里就会写一封痛骂对方的信，当家人第二天要为他寄出那封信的时候，林肯会极力阻止：“写信时，我已经出了气，何必把它寄出去惹事生非。”如何面对心中的种种不良情绪？当然是合理地宣泄，放松自己。

里根是一个性格温和的人，但是，有时候他也会发脾气。当他生气的时候，他就会把铅笔或眼镜扔在地上，然后很快就能恢复情绪。有一次，里根对侍从人员说：“你看，我在很久以前就学会了这样一个秘诀——当你生气时，如果控制不住自己，不得不扔掉一些东西来出气，那么就要注意，要把它扔在你的面前，一定不要扔得太远了，这样捡起来就会省力很多，捡起了东西，心情自然也就放松了。”

其实，在很多时候，所谓的放松就是发泄心中烦恼，无压力地宣泄不满情绪，将心胸放开，这样就会减少一些不必要的烦恼，而且，能够避免这样的不良情绪感染到其他人。不良情绪是由于心理上失去了平衡或者是自己的要求和欲望没能得到满足而产生的，因此，内向者可以转移心境，寻找一种轻松的方式，这样不良情绪自然就会消失了。

齐文王患了忧虑病，没能找到正确的治疗方式，时间长了，病情越来越严重，甚至到了卧床不起的地步。这时，大臣建议请名医来诊断病情，于是，齐国派人到宋国去请来名医文挚。文挚查看了齐王的病情，判断出必须采取一定的方式来赶走病人心中的闷气，但是，又顾虑这样会触怒齐王，惹来杀身之祸。对此，齐国太子向文挚保证，无论如何都会保证医生的安全。于是，两人约好了看病的时间。但是，文挚竟连续三次失约，齐王虽在病床上，却对此十分恼怒。

后来，文挚终于应约而来，但是，他不拖鞋就上床，践踩着齐王的衣服问病，气得齐王不搭理他。这时，文挚用粗话刺激齐王，齐王终于按捺不住，翻起身来就大骂，没想到，齐王的病竟因此好了。

所谓“怒动其身形、冲破忧伤烦闷的不良情绪”，有人在愤怒时暴跳如雷、面红耳赤，实际上，这就是一种能量发泄。人们常说：“言为心声，言一出，心便安。”采取唱歌、怒吼等方式发泄负面能量，也不失为一种积极的方式。

1. 大声哭泣

哭泣是一种行之有效的宣泄方式。据调查，85%的女人和73%的男人在哭过之后心情会好受一些。威廉菲烈博士说：“哭可以将情绪上的压力减轻40%，哭是健康的行为，值得鼓励。”

2. 将不良情绪写出来

将心中的烦闷写出来，也是一种自我放松的方式。一般情况下，写诗、写日记都能够有效地发泄郁积在心中的不良情绪，使情绪恢复到平静。而且，从心理学上说，适当发泄长期以来积压的闷气，可以减轻或消除心理疲劳。比起将闷气郁积在心中，将怒气发泄出来会更好，这样可以使我们变得轻松愉快。不良情绪就像夏天的暴风雨一下，需要我们适当发泄，这样才能净化周围的空气，缓解心中的紧张情绪。不良情绪，只会让我们变得越来越抑郁，想要自己获得全身心的轻松，我们必须寻找一些轻松的方式发泄心中不满的情绪，驱赶心中的消极情绪，将自己解脱出来。

3. 大声吼叫或大声歌唱

在电视剧《北京人在纽约》里，面临破产的威胁，当失败的阴影来袭的时候，王起明一边开车一边高唱“太阳最红……”获得了心灵上的暂时放松；在日本，每年都要举办一次呐喊比赛，那些情绪不满者向远处的大山大叫，以发泄心中的怒气。或许，对于每一个人而言，都有着属于自己的放松方式，只不过我们最终的目的都是赶走郁积在心中的闷气。

4. 激烈运动

有一位商人在谈到自己放松的方式时，说：“当我自知怒气快来的时候，我会立刻不动声色地想办法离开，跑到自己的健身房，如果我的拳师在那里，我就跟他对打；如果拳师不在，我就猛力地捶击沙袋，直到发泄完自己的满腔怒火、整个人轻松下来为止。”

减压启示

一位内向的年轻女孩来到心理咨询中心，说道：“两个月前我被公司解聘了，心里很恼火，不愿意见人，整天就待在家里，憋得心慌，内心也变得更加痛苦，有什么办法能够摆脱这样的处境呢？”心理医生这样建议：“你这样是不行的，时间长了就会变得郁郁寡欢，寻找一种能让自己放松的方式吧。”

压力过大，适时转移注意力

在闲暇时走进公园，在观赏美景的同时，放松一下身心，体味美好的生活。走近喷水池，看着高高喷射出的水花，我们不假思索就能明白这是压力的作用。

就像我们经常见到喷水池一样，生活中的压力也处处存在。有压力才会有动力，有动力才会让生活有质感。话虽如此，人们在面对来自各方的压力时，仍旧时常迷失本心、看不清方向，只能在尘世的无奈中任岁月流逝，任心间、眉宇间蒙上一层霜。

即使你可以逃避，也只是一时，问题仍然会在下一刻侵扰你的内心。压力给人以苦恼，因此有太多的人一直在寻求解决办法，让心在失衡的现代社会中找到属于自己的天堂与乐园。但是，各种困扰层出不穷地出现在我们的人生里，它们变化着花样、悄悄地来到我们的身旁，伴着岁月与我们一起成长。面对困扰，如果你能驾驭它，就能成为它的主人；如果你任由它肆意增长，它会成为你人生的一大主题，让你的悲情生活一遍遍地上演。这或许就是生活的有趣之处。

在一次煤窑施工中，发生了瓦斯爆炸，煤窑严重坍塌，唯一的出口被厚实的泥土严严地堵死，在矿井中作业的五位矿工深困其内。幸运的是，矿井里刚好有足够的食物和水源。这给被困矿工赢得了极大生机。他们找到各自的位置，安静地坐下，等待着窑外的人们来救援。

时间在死寂的黑暗中震颤着。一天、两天……一个星期过去了，他们支着耳朵，却始终没有听到渴望已久的声音。有人开始烦躁，有人发出凄厉的尖叫。大家已无法承受恶劣环境带来的巨大精神压力，个个都快要崩溃了。

突然，他们听到“啪”的一声。黑暗中有人吼叫起来，“谁，他妈的谁打我？”一个黑影朝四个伙伴咆哮着，四个伙伴都开始辩解。可黑影就是纠缠着他们不放，审犯人似的一个一个详细审问，甚至问得有些不着边际。为了免受冤枉，四位工友只得认认真真地回答。直至个个哈欠连天，声称被打的黑影这才闭了嘴，没趣地倒在一旁呼呼大睡。过了许久，大家都睡醒了，突然又听到“啪”的一声脆响，这次挨打的是另一位工友，只见他捂着脸，怒不可遏地号叫起来，径直扑向第一位挨打的黑影。双方都不甘示弱，幸好其余三位工友眼疾手快，死死把双方抱住，两人才住手。为此，大家你一言我一语地理论起来。

类似的情况在每位矿工身上都发生过，其中一位脾气很好的矿工连续挨了三个耳光，最后忍无可忍，勃然大怒。就在他们整天为耳光的事纠缠不清的时刻，头顶一丝微弱的亮光提醒他们，有人来救他们了。至此，他们在井底足足被困了23个日日夜夜。

你知道这几个工人最终为什么能活下来吗？他们在黑暗中相互猜忌，以至于互相大打出手，在这种“自相残杀”、食物和水短缺的状态下，他们竟然存活了23个日日夜夜，这都因他们处于压力之下，是压力，转移了他们对恐惧的注意力。

能够控制压力，让压力对你产生积极的作用，你的人生才会大踏步地接近成熟。但生活中的很多人已经习惯了在可以选择前进时去选择无所作为，因为前方有太多的苦难要去面对。很多人在能够挑战自己、改变生活时选择了维持现状，因为现实的压力让他们觉得自己进退维谷。哲人说：“谁要是害怕走崎岖的山路，谁就只好永远留在山脚下。”

谁要是不能在压力面前站直了、不趴下，谁就永远只能在原地踏步，苦闷地思考自己为什么不能拥有收获的喜悦。

晓得控制和利用压力的人，是生活中的强者。即使你做不到这点，只要你能让自己学会释放压力，让生活变得轻松、恬静，你也能成为一个善待自己的人。压力与心态也是紧密相连的，把握好自己的心态，管理好自己的情绪，将压力降到最低限度，适当地释放，也是一种很不错的方法。

1. 玩自己喜欢的运动

每个人都有自己喜欢的运动，有的是篮球，有的是羽毛球，有的是跑步……当自己压力很大的时候，就可以抛下手头的事情，疯狂地玩一次自己喜欢的运动，让自己在运动中尽情地宣泄，让自己的压力喊出涌出，这样就会轻松很多。

2. 跟朋友一起K歌

其实，唱歌也是一种很好的减压方式，但是需要注意的是，我们需要叫上那些比较玩得开的朋友，一群人在一起疯狂地唱和跳，这种感觉会很放松。当然，如果允许，可以喝一点点红酒，微醺的感觉更好。

3. 去骑行吧

一辆单车，一个旅行包，就能够进行一场短暂而又放松的旅行了。现在微信、陌陌等社交软件比较发达，在我们身边也有很多骑行组织，你可以选择一个合适的群体，然后一起去骑行。归来之后，洗个热水澡，好好地睡一觉，相信整个人会轻松很多。

4. 玩玩游戏

当你觉得自己内心压力较大的时候，可以来几把游戏，在游戏的世界里尽情地玩耍、驰骋，这样一来，整个人的心情就会感觉轻松很多。不过，凡事点到为止，不能过度沉迷其中。

减压启示

如果你把握不好自己的心境，或者你心乱如麻，暂时地忘却也是一种美丽的境界。现实人生中，当我们处于压力的困扰中时，找一个释放自己内心深层感触的港湾也是一种别致的情怀。暂时的忘却能让心得到抚慰和歇息。让心拥有一刻的洒脱，释放心中的苦闷，得到暂时的宽慰，然后正视自己，面对生活。

第 10 章

职场减压法：不要被工作的烦恼所累

现代人的压力主要来源于两个方面，一是生活，二是工作。其中，工作压力不容小觑，如担心公司倒闭、被老板骂、被炒鱿鱼，当然还有办公室乱七八糟的人事关系等。职场减压做不好，工作也就做不好，所以，别为工作中的烦恼所累。

工作越高效，压力越小

时间观念的改变，会使一个人的生活更丰富、更充实。在管理时间、利用时间的过程中，你的做事效率必定也会有一个很大的提升。时间对于每一个人来说，都是无法挽留的，它就像东逝之水，一去不复返。当一天结束时，时间不会留作明天待用。一个想有所作为的人，必须学会有效地安排时间、有效地利用时间，更为重要的是优化自己的时间观念，提升自己的做事效率。

高效率意味着高投入，没有投入就没有产出，低投入只能带来低产出。对大脑的投资是一种决定命运的投资，只能以最大最优先的投入对待。对大脑的投资也是一种产生最大效率和最大收益的投资，永远不会亏本。明白了这个道理，你才能拥有正确的时间观念，才会有获得财富和社会地位的能力，才能获得比别人更高的效率，才能跑在赛道的最前面。

诺斯古德·帕金森是英国著名的历史学家，他在分析了为何“大型组织大而无当、毫无生气”时指出：“事情增加是为了填满完成工作所剩的多余时间。”这个定律告诉我们，工作效率低，是因为我们给了这个工作太多的时间。

帕金森描述了一位老太太花了一整天时间寄一张明信片给她侄女的过程：花一个小时找那张明信片；花一个小时找眼镜；花半个小时查地址；花一个半小时写明信片；用20分钟考虑寄信时要不要带伞。就这样，一个人只须花3分钟就能干完的事情，另一个人却花了一整天时间才干完，并且犹豫不决，疲惫不堪。

帕金森得出结论：“做一份工作所需要的资源，与工作本身并没有太大的关系，一件事情膨胀出来的重要性和复杂性，与完成这件事花的时间成正比。”换句话说，给自己很多时间做一件事，不一定能提高工作的效率。时间多反而越容易使人懒散，缺乏动力，效率低。一个学生平均成绩一直较低，家长只好让他修学分最低的功课。儿童心理学家却建议这个学生多修一些课。结果出乎大家意料，这个学生多修课后，所有功课成绩不降反升。事实上，这个学生要做的就是打起精神，提高学习效率。

我们常说，观念决定思路，思路决定出路。对待一件事情、一堆事情、一天的事情，甚至是更为长远的规划，能做到帕金森那样对利用时间、提高效率有如此清晰的认识，你投资大脑的工作就取得了卓越的成效，你将获得可喜的转变。

一些成功的企业家告诫年轻人，有什么样的思想观念，就有什么样的工作效果。不断地更新观念，不断地分析自己、认识自己、提高自己，才能改变不执行和浪费时间的不良习惯，提高整个企业的运转效率，自动自发地做好本职工作。

在这个世界上，做同一种工作的人不计其数，做同一种工作的方法更是数不胜数，其中不乏效率高的方法。这就需要自己去寻找、去借鉴。在这个追求高效率的社会里，抓不住效率的绳索，就会被高效率的机器甩出十万八千里。没有效率意味着死亡。不投资大脑也就意味着没有效率。

1. 把工作分类

工作大致可以分两类：一种是不需要思考，直接按照熟悉的流程做下去；另一种是必须集中精力，一气呵成。对于这两类工作，所采用的方式也是不同的。对于前者，你可以按照计划在任何情况下有序地进行；而对于后者，必须谨慎地安排时间，在集中而不被干扰的情况下进行。

2. 定时完成日常工作

我们每天都需要做一些日常工作，如打扫卫生，保持一个良好的工作环境；查看电子邮件，与同事或上司交流；浏览网页等。对此，应每天预定好时间集中处理这些事情，通常安排在上午或下午开始工作的时候，而在其他时候就不要做这些事情了。

3. 及时寻求帮助

对于熟悉的工作和操作，需要加快速度，保质保量完成。对于自己不太熟悉的技能和工作，及时向同事或上级寻求帮助，以加快工作进程。

4. 提高执行力

提高做事效率，其中重要的一项是提高执行力。要提高执行力就要做到加强学习、更新观念。日常工作中，我们在执行某项任务时，总会遇到一些问题。而对待问题有两种选择。一种是不怕问题，想方设法解决问题，千方百计消灭问题，结果是圆满完成任务；另一种是面对问题，一筹莫展，不思进取，结果是问题依然存在，任务也无法完成。反思对待问题的两种选择和两种结果，我们会不由自主地问道，同是一项工作，为什么有的人能够做得很好，有的人却做不到呢？关键是思想观念认识和对待时间的态度的问题。

减压启示

投资大脑，为未来准备知识，知识和经验能使你在新的形势中迅速找出规律。你找出的规律越多，你的效率提升越快，你在各种情况下作出抉择、采取行动的速度就越快，你的时间也就节省得越多，这会使你迅速走入成功者的行列。

找到压力根源，彻底歼灭它

工作中的压力真的可以减少吗？或者说，真的会有一种方法可以有效地减少工作上一半的压力吗？许多人对此表示不屑：我已经工作这么多年，对于减少工作压力难道会没有方法？然而，事实就是如此。比如，在日常工作中，我们经常会出现这样的情况：花一两个小时开会讨论问题，却没有人清楚真正的问题在哪里。由此，压力就产生了。当然，别人无法帮助你减少工作中一半的压力，因为关键在于你自己，其他人根本无法帮助你。只要你足够努力，相信你是可以成功地减少工作上一半的压力的。

许多年前，约翰满怀热情，加入推销保险的行业中。后来发生了一些事情，使约翰非常沮丧，他开始瞧不起自己的工作，几乎要决定放弃了。在一个无所事事的周六早上，约翰静下心来，试图找出自己压力的根源，他通过自问自答的方式，找寻到其中的端倪。

首先，约翰问自己："究竟出现了什么问题？"回顾自己工作的经历，约翰发现，自己非常认真地去做业务，收到的效果却是微乎其微。即便约翰与客户洽谈比较顺利，到了关键时刻，那些客户仍旧无一例外地以一句话搪塞了约翰，"我再想想，你下次再来吧"。于是，约翰不得不花费更多的时间去再次拜访这些客户。在这个过程中，约翰感到非常沮丧。

然后，约翰开始问自己："是否可以找到有效的方法来解决问题呢？"为了很好地回答这个问题，约翰将过去一年的工作记录本打开，认真研究真实情况。令他感到惊讶的是，自己的工作时间差不多有一半都浪费在那些成交量不大的业务上面。原来，过去的工作经历显示，约翰在推销保险的过程中，初次见面就成交的占据了70%，第二次见面成交的占据了23%，而第三次、第四次、第五次……以及很多次才成交的占据了7%，而约翰恰恰将工作重点放在了花费时间最多、成交量最少的业务上面。

最后，约翰问自己："那么最终的结果是什么呢？"显而易见，既然与客户第二次以后的见面没有必要，那就需要将这部分时间用以拜访新的客户，说不定成功的概率还会大很多。

于是，他决定按照这个方法去做。结果是令人惊喜的，在很短的时间内，他的工作效率得到了大大的提升，差不多提升了一倍。

约翰曾经一度想放弃自己的工作，他差点就认为自己确实不适合做这行。不过，当他静下心来认真分析问题之后，他成功地找到了一种解决问题的有效方法，最终将自己引入了成功之路。如今，约翰是费城诚信公司的一名员工，每年成功洽谈的业务高达100万美元以上，被誉为美国最有名的人寿保险业务推销员。

1. 收集足够多的事实

请谨记这样一句话——“世界上的压力，大多数是源于人们没有足够的知识来作决定之前就想作出决定。”而当你收集了足够的事实后，你就不会造成这样的情况，就可以作出一个有效的决定。

2. 认真分析收集的一切信息之后再作决定

即便收集了信息，若不对信息加以分析，也是无从收获的，而这样作出的决定也是仓促的。

3. 马上将所作的决定付诸实际行动

一旦作出了非常谨慎的决定之后，就需要马上将其付诸实际行动，不要犹豫不决，也不需要为不必要的事情而感到压力。

减压启示

假如你还在为工作而烦恼，或许因为工作上的烦恼想放弃自己的工作，那不妨可以按照下面的方法去做，说不定可以减少你一半的工作压力。

请用一支笔在一张纸上写下以下几个问题，然后自己回答，这样你就可以成功地找到有效的方法：第一，到底是什么问题让你感到压力？第二，问题是怎么产生的？第三，解决问题的有效方法是什么？第四，你觉得采用什么样的方法可以解决问题？

做时间的主人，让压力减半

在生活中，尤其是职业女性，每天的日程表都被安排得满满的她们需要很早起床，因为做早餐是她们一天的第一项工作，然后还要收拾餐具，然后再匆匆地跑出家门。在单位里熬了八个小时之后，她们拖着疲惫的身体回家，但是依然不能休息，因为还要做晚饭、收拾房间，有时还要洗衣服。可以说，职业女性算是世界上最忙的人了，在她们的时间观念里根本没有闲暇时间这个概念。

有一次，卡耐基决定去巴黎拜访一个很多年没见的远房表姐。在卡耐基12岁的时候，表姐就远嫁到巴黎，他们已经很久没见面了，所以表姐在巴黎见到卡耐基时非常高兴，嘱咐仆人好好招待他。不过，令卡耐基感到奇怪的是，表姐有了很大的变化，她消瘦了很多，而且整个人看上去没什么精神。卡耐基希望能与表姐聊聊，看看她最近都在忙些什么。不过，表姐似乎并不想与他聊天，她看起来是那么地忙，好像卡耐基的突然到来令她有些措手不及。

当时，卡耐基到巴黎已经是傍晚了，表姐正打算出门，简单地招呼之后，表姐就说：“戴尔，你先在家里休息一下，我现在必须得走了，因为我要赶着去参加一个非常重要的课程。”卡耐基只好答应下来，表姐则匆忙地出了家门。

吃过晚饭之后，卡耐基和表姐家的仆人聊天，并询问仆人：“表姐最近过得怎么样？”老仆人告诉卡耐基：“她最近过得很累，因为你的表姐夫之前丢失了一份好工作，现在她不得不和丈夫一起承担养家糊口的责任。虽然她平时不需要做家务，但是她会利用每一分每一秒去赚钱，刚才她就是出门去给小女孩上钢琴课。”听到这样的话，卡耐基很吃惊，问道：“难道她就没有时间来休息吗？”老仆人叹口气：“她非常繁忙，假如一个人可以不睡觉，我想她会24小时都在工作。”

听了老仆人的话，卡耐基总算明白表姐为什么变化那么大了，原来一切都是忧虑导致的，而最终的源头在于没有多余的时间来休息。

亚里士多德曾说：“人唯独在闲暇时才有幸福可言，恰当地利用闲暇时间是一生做人的基础。”确实，闲暇时间对于我们每一个普通人而言都是至关重要的，尤其是对于职业女性来说。精神科主治医师约翰·克雷曾说：“如果人的精神总是处于紧张状态，很容易导致各种精神疾病的产生，而合理充分地利用闲暇时间则是缓解精神紧张的最佳方法。”

1. 你每天忙碌吗

你是否经常觉得有很多细小的事情要做，却又不知道该如何开始？你是否经常在下班回家路上才想起工作没做完呢？于是，你把工作带回家做，搞得生活与工作严重交叉，乃至压力更大。

2. 制订一天时间表

每天需要空出15分钟制订每天的时间表：写下自己要完成的这一天的任务；给这一天的任务制订时间顺序；预计每件事情所需要的时间；给每件事情分配时间；把每项事情都填入时间表，提醒自己某个时间段应该做什么。

3. 接听电话的技巧

如果在接听电话时不注意技巧，也会很浪费时间。这些技巧包括：避免太多关于工作以外的闲谈；及时地用笔和纸记下重要的东西；准备好说什么；给出确切的答复；不要在做非常重要的事情时打电话；认真听电话的详细内容。

4. 注意电脑资料的整理

假如使用电脑不当，很容易浪费时间。在非系统盘中创建工作文档；把需要长期保存的文档移入合适的文件夹，及时删除不需要保存的文件；在桌面上创建快捷方式，便于直接进入工作文档。

5. 制订待办工作清单

制订待办工作清单，比如，每天待办清单，项目待办清单，长期待办清单。这样可以帮助你分配个人的精力，帮助你更有效地规划每一天，从而使你目标明确、事半功倍。

6. 防止别人的打扰

遵守“办公室保持安静”的原则，防止同事找你无休止地聊天、闲谈而浪费双方的时间。当你正在构思一个重要方案、计划，或者与重要客户打电话时，可以关上办公室的门，这样可以防止别人的打扰。

7. 提高工作效率

其实，合理地安排时间，有秩序地处理手头的工作是提高工作效率的最佳办法。只要工作效率提高了，拥有闲暇时间就不再是一件不可能的事情。现代社会，科学技术每天都在以惊人的速度发展着，很多帮助人干活的机器被发明出来。虽然这些东西比较贵，人们可能会觉得没有必要购买，但是，假如花很少的钱就能换取快乐的感觉，那么人们就会毫不犹豫地作出选择。对于我们而言，这些机器会为你节省很多时间，让你能够得到充分的休息和放松，这样你就有愉快的心情和充沛的精力去迎接新的工作了。

8. 利用闲暇的时间

当然，并不是拥有了闲暇时间就能达到我们所要的效果了。其实，假如我们不能把这些闲暇时间充分利用，那么还是没办法起到事半功倍的效果。对此，我们究竟该怎么办呢？很简单，找一些自己最感兴趣的事情，假如你喜欢文学，那就利用闲暇时间来多读书；假如你喜欢音乐，那就利用闲暇时间多听听歌；假如你喜欢诗歌，那就不妨在闲暇的时间写上一首诗；假如你真的太累了，那不妨好好睡上一觉。当然，利用闲暇时间的准则就是让自己活得愉快、充分享受。不过，假如你的行为可以间接地充实自己，那就更加完美了。

减压启示

随着社会环境的变化，人们面临的生存压力也越来越大，因此很多人开始忽视闲暇时间。他们把享受闲暇时间看成一种浪费生命的行为，认为那种做法会让自己陷入困境。实际上，为了能够适应整个社会环境，人们必须学会给自己减压，让自己得到放松。否则，压力会让你精神衰弱、情绪紧张，继而会剥夺你的快乐和幸福。

工作中多沟通，善于寻求帮助

俗话说：“一个篱笆三个桩，一个好汉三个帮。”在公司里，如果你不懂得或不善于利用他人的力量，光靠单枪匹马闯天下，是很难施展你的才华的。在工作中，在我们身边有许多方面的人际关系，都需要我们去斡旋、运用，其中，最主要的，也是我们最容易忽视的，就是与上司、同事的沟通关系。与上司和同事作好沟通，与之建立和谐的关系，我们才能更轻松地应付工作。

一位职业女性这样讲述了自己的工作经历：

我从事销售工作已经一年了，当时，我在一家公司为建筑施工企业的管理者提供建造师、监理师职业资格培训。这份工作最后以辞职收场，主要在于我与上司的意见不合。那时，在公司拓展南京市场后的一段时间里，我向上司建议拓展南京周边的市场，如扬州等城市，以此扩大市场占有率。随后，我就拟写了一个营销方案，但是，这个营销方案没有得到上司的认可，他坚持要把南京市场做好。对此，我十分生气，后来与上司大吵了一架，怒气冲冲的我对上司说："你没有战略眼光！"接着，我就辞职了。

虽然，她这种向上司建言献策的精神值得我们欣赏，但是，她与上司沟通的方式与态度是不可取的，因为意见分歧而与上司争吵更是不可取的。下属对上司说"你没有战略眼光"，将会直接激化其与上司的矛盾，最终，她并没有达到出谋划策的目的。因此，我们在向上司谏言时不仅要说到关键点上，同时，也需要注意自己的表达方式与态度。某公司的董事长这样说："作为上司，我希望下属能提供系统的问题和解决方案，而不是一些零碎的观点和牢骚。"

小雨刚到公司不久，主管就安排她与一位老同事写一份计划书，两个人在确立计划书的方案时，小雨提出了自己的看法，可是，老同事对她报以不屑的眼光，说道："小姑娘，你想邀功的心情我理解，但你才进来，还是低调点好，小心'枪打出头鸟'哟。"小雨心中很生气，但是，她冷静地想了想，老同事是干了十几年的老职员，如果与老同事发生了矛盾，对自己今后的工作十分不利。于是，小雨诚恳地说："我其实并不想邀功，只是希望与您合作能够干出点成绩来，不管用谁的方案，报上去时都用您的名字，我就当好您的搭档。"听了小雨诚恳的话语，老同事终于同意了小雨的方案。

大多数老同事会凭着自己资历深厚而对新人的言行举止百般挑剔、抵触或者根本不认同，处处干涉、事事指导，以致一些职场新人无法施展自己的能力，工作总是被牵制。另外，一些老同事还有一定的戒备心理，他们在工作上很保守，不愿意指点、帮助新同事，害怕"教会徒弟，饿死师傅"。面对如此刁钻的同事，我们该怎么办呢？其实，只要我们言语中流露出对他的尊重或者赞美，对方一定会被感动，并愿意成为我们工作中的合作伙伴。

1. 过好心理这一关

在工作中，我们与同事是相互合作的关系，并不完全是互相竞争。毕竟把整个工作项目做好才是老板的最终诉求。所以，当你在一些工作项目中遇到困难时，应该主动寻求帮助，不要认为向别人寻求帮助就是自己能力低下的表现，每个人都有擅长和不擅长的一面，或许你擅长的恰恰是对方不擅长的。而且，在主动求助这个过程中，可以建立和谐的同事关系。

2. 明白你需要什么样的帮助

通常情况下，模棱两可的目标往往会导致模糊不清的结果。所以，当你需要向上司或同事求助的时候，需要明白自己到底需要什么样的帮助，这样可以增加成功的概率，同时，也可以节省一些时间。

3. 向具体的某位寻求帮助

假如你处在一个写字间，笼统地问是否有人愿意提供帮助，大家就会觉得“估计是没什么事情可以参与”，这样你能获得自愿帮助的机会就很少。假如你想好在同事中谁可以帮助你，那你就直接去找这个人，这样你获得帮助的机会就会大很多。

4. 感谢对方的帮助

当对方协助你完成工作项目之后，一定要记得感谢对方的帮助，这样对方才会感到自己所花费的时间和精力是受到相当肯定的。而且，当你以后需要帮助的时候，也可以再请求帮助。当对方需要你帮忙的时候，你也应该答应，这样才能建立相互协作的关系。

5. 将功劳送给别人

假如老板和同事都夸你工作完成得很好，你应该让他们知道谁帮助了你，将功劳分一些给帮助你的人。这不仅会让帮助你的人心里感到由衷的高兴，也会给老板留下好印象。毕竟，聪明的管理者总是欣赏那些齐心协力为共同利益一起完成工作的人。

减压启示

在公司，我们接触最多的就是上司与同事，工作的事情需要向上司汇报，工作的细节需要与同事商量，对于我们来说，他们无疑是我们工作中的核心人物。因此，需要与同事、上司作好沟通，建立好关系，或许，只有这样，你的职途才会更加平坦。不仅如此，当我们需要帮忙的时候，应该主动寻求帮助，这样可以减轻工作上的不少压力。

享受当下的工作，自然能减小压力

戴尔·卡耐基说："仅仅'喜爱'自己的公司和行业是远远不够的，必须每天的每一分钟都沉迷于此。"在生活中，我们经常听到有人抱怨："工作一点也不快乐，很累，目标难以实现，做事处处碰壁，成功总是那么遥遥无期。"工作对于他们来说，似乎一点乐趣都没有。其实，只有那些对工作缺乏激情的人才会觉得工作很累，他们没有办法享受到工作的乐趣。作为职业人，要想在职场中拼出属于自己的一片天空来，你需要点燃自己对工作的激情，学会享受工作。

在美国标准石油公司，有一位小职员叫阿基勃特。他在出差住旅馆的时候，总是在自己的签名下面写上“每桶四美元的标准石油”字样，甚至在书信收据上也写下这样的字样。因此，他被同事们叫作“每桶四美元”，而他的真名倒没人叫了。

公司当时的董事长洛克菲勒知道这件事的时候，他说：“竟然有职员如此努力宣扬公司的声誉，我倒要见见他。”于是，洛克菲勒邀请阿基勃特共进晚餐。后来，洛克菲勒卸任，阿基勃特成为第二任董事长。

到底是一股什么力量促使阿基勃特长年累月地这样宣扬公司的声誉呢？当然是对工作的激情、对本职工作的热爱。他在自己的签名下写上“每桶四美元的标准石油”，以及在书信收据上写下同样的字样，在这个过程中，他是乐于享受的，源于对工作的激情，他从来不觉得那是自己的负担。

江总是一位讲究严谨的人。在工作中，她会用十二分的热忱去对待每一件事，她要求严谨、一丝不苟、兢兢业业。身为一个女企业家，她身上最值得我们学习的就是她对工作的那种激情和严谨态度，任何时候，只要一提到工作的事情，她都显得兴致勃勃。

当记者问道："作为女性，您在房地产领域打拼，比男性面临更多的挑战，那么，您在工作中如何调节自己？"江总笑了笑，回答说："作为女性，我要学会如何在工作中去实现自己的人生价值，这样我才能在工作中得到快乐。工作是生活的一部分，生活其实就是在工作，只有把工作当成自己的毕生事业，才能在工作中享受到快乐，生活才能更加充实。快乐生活，与企业一起成长。"

只有那些对工作有激情的人，才能享受到工作的乐趣。在生活中有这样一些人，他们明明有一份很好的工作，报酬也不算低，却总是不满意，他们缺乏对工作的激情，看不到工作的意义，找不到自己的位置和价值，自然，他们也享受不到工作的快乐，有的只是抱怨和烦恼。他们只是把工作当成谋生的手段，甚至当作负担。这样的人，他们的位置迟早有一天会被人所取代。所以，如果你拥有一份不错的工作，请保持对工作的激情，学会享受工作，使自己的人生价值在工作中得到彰显与展现。

1. 在工作中展现自我价值

约翰·洛克菲勒说："工作是一个施展自己才能的舞台，我们寒窗苦读来的知识、我们的应变力、我们的决断力、我们的适应力以及我们的协调能力，都将在这样一个舞台上得到展示。除了工作，没有哪项活动能提供如此高度的充实自我、表达自我的机会以及如此强的个人使命感和一种活着的理由，工作的质量往往决定生活的质量。”也因为如此，真正的享受与快乐尽在工作之中。

2. 工作不仅仅是谋生的手段

对于许多人来说，工作只是谋生的手段，他们一方面在抱怨工作辛苦，一方面在期望能拿更高的薪金，以致把自己搞得狼狈不堪。其实，我们需要重新来看待自己的工作，工作不仅仅是谋生的手段，其本身就是人生的内容。对于每一个人来说，最痛苦的不是贫穷，而是无事可做。在这一点上，或许，当你还不是很富有的时候难以体会到，但那些富人对此深有体会。

3. 热爱你的工作，激发对工作的热情

那些世界级的富豪，为什么他们的钱多得可以用几辈子，但他们还是努力工作？这源于他们对工作的激情以及他们热爱自己的工作。萨默·莱德斯通说：“实际上，钱从来不是我的动力。我的动力是对于我所做的事的热爱。我有一种愿望，要实现生活中最高的价值。”这或许是对那些富豪为什么还努力工作的最好回答。工作本身给我们带来的物质享受是低级的、暂时的，而在其中体验到的精神上的愉悦才是长久的、深刻的。

减压启示

俗语说得好："纵有房屋千百间，睡觉只须三尺宽；纵有良田千万顷，一日只能吃三餐。"对每一个人来说，人生的享受与追求不仅在于生存的需求，还有更高层次的需求，也就是实现自我。从这个意义上来说，真正能让人实现自我的只有一件事——工作。对此，身为职业人，你应对工作有激情，如此，你才能享受到工作中的快乐。

分派任务，别独揽所有工作

巴菲特说："只有平庸的将，没有无能的兵。"大凡优秀的领导者，总是可以从身边挖掘人才并充分发挥他们的潜能，而那些拙劣的领导者则总是抱怨无人能用。于是，那些优秀的领导者带领身边的人才不断走向成功，而那些拙劣的领导者则在抱怨中走向没落。对于领导者而言，应该学会将权力放手给别人。有的领导者天生喜欢操心，他无时无刻不是在担心这就是在担心那，好像一刻也不能放松，于是，他的整颗心都是紧绷着的。在生活中，无论是大事还是小事，他都不放心别人去做，而是亲力亲为。当然，凡事都亲力亲为，这是一种负责任的态度，但若是太过亲力亲为，那就是有点以自我为中心了。对下属给予信任，将权力放手给别人，你会发现这才是成功者应有的风范。

王姐从小就有个习惯，对于有关于自己的事情，她必然是自己去做，她不放心任何人去做。在她年纪尚小的时候，有一次，她背着厚重的东西回家，身边的朋友好心建议说："让我帮你背一程吧。"结果她拒绝了，理由是怕对方将她的东西掉地上，朋友听到这个理由，下巴都快掉下来了。

长大后，王姐的这个习惯更是日益严重。高中毕业后，王姐就在一家蛋糕店当了收银员，平时没事就是守在那个柜台边，不让任何人接近自己的工作位置。店长吩咐："你有时间的时候，教教店里的导购怎么收银。"结果，王姐经常将这样的吩咐忘记，她从来不放心把自己的工作交给别人去干。就因为这种独特的习惯，她在店里的人缘相当不好，但她工作倒是很负责任，工作了几年之后，升职当了店长，由此，她更忙了。早上，她是第一个到店里的，晚上，她是最晚离开的，因为她不放心任何一个店员，她需要亲自收货、摆货、收银，虽然这样一来自己算是放心了，但长久这样拼命地上班，王姐真是疲惫不堪。然而，她一想到自己不去店里、让店员们去做，她的心就更累。

没过多久，王姐终于累倒了，躺在医院里，她所担心的还是蛋糕店："今天货到齐了吗？""货物摆放得整齐吗？”坐在床边的老公忍不住说：“你总是这样，凡事亲力亲为，你以为自己多伟大，但其实是抹杀了店员们表现自我的机会，今天早上我路过蛋糕店，发现，没有你，他们依然将事情做得很好，有条不紊，你就不用操心了。你现在是店长了，很多事情完全可以交给别人去做。如果你总是操心，那你永远有操不完的心，你自己也会身心俱疲。”

在案例中，王姐虽然升职成了店长，但她没有将手中的权力放手给下属，对店里的很多事情还是亲自去做，结果病倒在床上。她的累不仅在身体上，还来自心理。因为太过于操心，她几乎每时每刻都在想还有什么事情没做好，就好像一个陀螺一样不停地转，直至最后无力地倒在地上。其实，她完全没必要这样累，放手将一些事情交给别人去打理，不仅轻松了自己，也能给下属展现自我的机会。

生活中，一个人操心太多就会使其身心疲惫；反之，如果将别人能做的事情交给其他人去做，自己只是观看或指导，这样反而会轻松很多。当然，要想培养这样的习惯，首先应该学会信任别人以及放松自己。你只有足够地信任别人，才能放心地将事情交给对方；你只有放松了自己，才不会那么执着地想要自己亲自去做。所以，不要太过操心，让自己过得轻松一点，将某些人和事交给别人去处理，这样自己才能轻松起来。

权力的存在是一个十分合理的现象，对于领导和下属而言，却是一个敏感的话题。权力就意味着权威，领导需要这样的权威，下属也需要在这个权威下尽量自由支配自己的各项活动。这样无疑会形成一个比较有活度的矛盾，其焦点在领导和下属之间移动，而领导者就是支配者。在很多时候，领导应该放手一些权力给下属。

1. 肯定下属

英国女演员和诗人乔吉特·勒布朗说："人类所有的仁慈、善良、魅力和尽善尽美只属于那些懂得鉴赏它们的人。"任何一个下属都希望得到别人的肯定，尤其是上级的认可。美国著名的企业管理顾问史密斯指出："一个员工再不显眼的好表现，若能得到领导的认可，便能对他产生激励的作用。"

2. 信任下属

权力是一切的基础，领导在此基础之上产生信任后释放权力。虽然信任是一个很简单的词，但包含深妙玄机，信任产生的心态就是认可，领导只有认可了下属才能信任他。一位管理学家说："我相信部属具备必须的技能和设备，能推动我授权执行的任务，于是我得以专心思考策略问题。"放手一些权力，不仅是领导者的自我松绑，也是一种本职的需要。

减压启示

领导者所扮演的角色无异于一个母亲，当一个母亲放手让孩子跑步的时候，她确信孩子已经能跑了；当孩子在迷蒙中被母亲放手后，才知道母亲放手的原因——因为自己已经得到了信任。领导者放手权力给下属，也就是说，我信任你了，给你权力，你必须得去巩固它、发展它。这样一来，员工们很快就会变得优秀起来。

参考文献

[1]王焕斌.心理学与心理减压[M].北京：中国纺织出版社，2017.

[2]金圣荣.超神奇的心理减压法[M].北京：新世界出版社，2012.

[3][英]迈克尔·辛克莱，[英]乔茜·赛德尔.正念减压[M].北京：人民邮电出版社，2016.

[4]王蕾，吕荇.空杯心态：一辈子受用的身心减压课[M].北京：中国华侨出版社，2013.